예제로 시작하는 **파이썬 코딩**

스타트 파이썬

예제 중심

개정판

황재호 지음

http://codingschool.info

문제풀이 · 코딩미션 · 저자 1:1 피드백

스타트 파이썬 개정판
예제로 시작하는 파이썬 코딩

초판 | 2022년 2월 22일
지은이 황재호
펴낸곳 인포앤북(주) | 전화 031-307-3141 | 팩스 070-7966-0703
주소 경기도 용인시 수지구 풍덕천로 89 상가 가동 103호
등록 제2019-000042호 | 979-11-92038-04-9
가격 21,000원 | 페이지 344쪽 | 책 규격 188 x 235mm

이 책에 대한 오탈자나 의견은 인포앤북(주) 홈페이지나 이메일로 알려주세요.
잘못된 책은 구입하신 서점에서 교환해 드립니다.

인포앤북(주) 홈페이지 http://infonbook.com | 이메일 book@infonbook.com

파이썬 완전 초보를 위한 파이썬 독학 및 수업 교재!

1 비전공·전공학생/중고생 대상의 파이썬 코딩 도서!
2 다양하고 재미있는 예제로 파이썬 기초 다지기!
3 온라인 문제풀이, 코딩 미션, 저자 1:1 피드백!

스타트 파이썬은 2018년 초판이 출간된 이래 다소 미흡한 편집과 구성에도 불구하고 독자 분들에게 꾸준한 사랑을 받아 왔습니다. 초판에서의 편집과 구성을 새롭게 하고 예제, 연습 문제, 알고리즘 등을 추가하여 이번에 개정판을 출간하게 되었습니다.

『스타트 파이썬(개정판)』 도서는 파이썬 코딩을 처음 시작하는 대학생/중고등학생/일반인을 대상으로 집필되었습니다. 이 책은 기초 예제 실습을 통하여 파이썬의 기본 동작 원리를 파악한 다음 복습 퀴즈, 연습 문제, 코딩 미션 등을 공부하다 보면 어느새 파이썬 고수가 된다는 컨셉을 가지고 있습니다.

예제를 중심으로 풀어가는 이 책은 다음과 같은 내용으로 구성되었습니다.

❶ 파이썬 설치와 기본 문법

파이썬의 기본 프로그램인 IDLE을 설치하여 IDLE 쉘과 IDLE 에디터에서 프로그램을 작성하고 실행하는 방법을 익힙니다. 파이썬에서 변수의 기본 개념과 연산자 활용법, 문자열 처리 방법, 키보드 데이터 입력, 변수 값의 화면 출력 등에 대해 배웁니다.

❷ 파이썬 기본 다지기

조건에 따라 프로그램을 처리하는 조건문, 특정 코드의 반복을 위한 반복문, 하나의 변수로 다량의 데이터를 다룰 수 있는 리스트와 딕셔너리, 코드의 재활용을 가능하게 하는 함수, 파이썬을 다양한 분야에 확장 가능하게 하는 모듈 등 파이썬의 기본기를 다집니다.

❸ 알고리즘

마지막 챕터에서는 앞에서 배운 파이썬 기본 문법과 기본 지식을 이용하여 주어진 문제를 파이썬으로 해결하는 방법, 즉 알고리즘에 대해 공부합니다. 숫자의 합계 알고리즘을 통해 알고리즘의 기본 원리를 파악한 다음 문자열과 기초 수학 알고리즘을 통해 알고리즘적 사고와 파이썬 프로그래밍에 대해 조금 더 깊이있게 배웁니다.

집필 원고를 꼼꼼하게 리뷰하는 등 책 출간에 정성을 다해 주신 인포앤북 출판사 분들께 감사 드립니다. 그리고 사랑하는 아내와 딸을 비롯한 모든 가족들에게 사랑의 마음을 전합니다. 이 글을 읽는 모든 독자 분들도 건강하고 행복하길 기원합니다.

아무쪼록 이 책이 독자 분들이 파이썬을 이해하고 활용하는 데 많은 도움이 되길 바랍니다. 감사합니다.

황재호 드림

책의 예제 파일

책에서 사용된 모든 예제 소스와 연습문제 정답 파일은 저자의 홈페이지(또는 인포앤북 출판사 홈페이지)에서 다운로드 받으실 수 있습니다.

저자 홈페이지 http://codingschool.info
인포앤북 출판사 http://infonbook.com

연습문제 정답

연습문제 정답은 학습의 편의를 위해 책의 뒤에 수록하였으며 연습문제 정답에 사용된 프로그램 파일 소스는 위의 사이트에서 다운로드 받으실 수 있습니다.

강의 PPT 원본

강의 교안 작성을 위해 PPT 원본이 필요하신 분은 인포앤북 홈페이지 또는 저자 이메일(goldmont@naver.com)을 통해 신청해 주시기 바랍니다.

『스타트 파이썬(개정판)』 공부법

http://codingschool.info

1 기초 예제 실습

챕터의 기초 예제 실습을 통하여 파이썬의 기초 문법을 익힙니다.

↓

2 복습 퀴즈

객관식 퀴즈 풀이를 통해 배운 내용을 복습합니다.

↓

3 숙달 예제

'한번 더 해봐요!' 반복 학습용 예제를 통해 숙달합니다.

↓

4 연습 문제

연습 문제 풀이를 통해 내용을 완전하게 이해합니다.

↓

5 코딩 미션

코딩 미션 수행을 통해 배운 내용에 대한 활용법을 익힙니다.

Chapter 01
파이썬과 프로그램 설치 19

Chapter 02
파이썬의 기본 문법 41

Chapter 03
조건문 87

Chapter 04
반복문 127

Chapter 05
리스트 165

Chapter 06

Chapter 07

Chapter 09
모듈 265

Chapter 10
알고리즘 289

01

Chapter 01

파이썬과 프로그램 설치

1장에서는

01-1 파이썬 개요

01-2 파이썬 프로그램 설치

01-3 IDLE 쉘 사용법

01-4 프로그램 작성과 실행

파이썬의 개요와 코딩 초보자들이 처음 시작하는 언어로서 파이썬을 가장 많이 선택하는 이유에 대해 알아봅니다. 그리고 C, 자바, 자바스크립트, C++, C# 등 다른 프로그래밍 언어와 비교하여 파이썬 만이 가지고 있는 장점과 특징에 대해 알아봅니다. 또한 책 예제들의 실습을 위해 파이썬의 기본 프로그램인 IDLE을 설치하고 IDLE을 이용하여 프로그램을 작성하고 실행하는 방법을 배웁니다.

Section 01-1

파이썬 개요

세상에는 많은 컴퓨터 프로그래밍 언어가 있습니다. 그 중에서 파이썬을 선택해서 배워야 하는 이유가 무엇일까요? 파이썬은 다른 어떤 컴퓨터 언어보다도 직관적이고 이해하기 쉬운 문법 체계를 가지고 있어서 코딩 초보자가 가장 쉽고 재미있게 배울 수 있는 언어 중 하나입니다.

파이썬이 무엇인지 알아보고 파이썬의 특징과 장점에 대해 알아봅시다.

우리 인간이 사용하는 언어에는 한국어, 영어, 독어, 불어, 스페인어, 중국어, 일본어 등 수많은 종류가 있습니다.

마찬가지로 컴퓨터 언어에도 파이썬, HTML, PHP, C, 자바스크립트, 루비, C++, C#, 자바 등 다양한 언어가 존재합니다.

이러한 프로그래밍 언어들 중에서 프로그래밍을 처음 접하는 초보자가 가장 쉽게 접근할 수 있는 언어가 바로 파이썬입니다.

파이썬은 다른 어떠한 언어들보다 직관적으로 되어 있어 이해하기 쉽고 편리하게 사용할 수 있습니다.

1 파이썬이란?

1991년 네덜란드의 프로그래머 귀도 반 로섬(Guido van Rossum)이 개발한 파이썬은 객체 지향의 고 수준 언어로서 앱(APP)과 웹(WEB) 프로그램 개발을 위해 만들어 졌습니다.

파이썬이 코딩 초보자가 사용하기 쉬운 언어라고 해서 성능이 낮은 언어가 절대 아닙니다. 웹 서버, 과학적 연산, 사물 인터넷(Internet Of Things), 인공지능(Artificial Intelligence), 게임 등 IT 전문 분야의 애플리케이션 프로그램을 개발하는 데에도 파이썬은 강력한 능력을 발휘합니다.

2 파이썬의 특징

1. 직관적이고 쉽다.

파이썬은 이해하기 쉽고 재미있게 배울 수 있도록 설계되었습니다. 이것이 바로 파이썬 개발자의 의도이며 파이썬의 철학입니다.
(파이썬은 아주 간단한 영어문장을 읽듯이 보고 쉽게 이해할 수 있도록 구성되어 있습니다.)
이와 같이 파이썬은 직관적으로 이해할 수 있게 되어 있어 C나 자바 등 다른 프로그래밍 언어들에 비해 문법 구조가 훨씬 더 단순하고 더 간단합니다.

2. 널리 쓰인다.

구글, 아마존, 핀터레스트, 인스타그램, IBM, 디즈니, 야후, 유튜브, 노키아, 미항공우주국 NASA 등의 세계적인 기업이나 기관에서는 자사의 프로젝트를 성공적으로 수행하기 위한 필수 도구로 파이썬을 사용합니다. 또한 네이버, 카카오톡 등 국내 굴지의 기업에서도 자신들의 소프트웨어를 개발하는 데 파이썬을 활용하는 빈도가 점차 늘어나고 있는 추세입니다.

3. 개발 환경이 좋다.

파이썬은 널리 쓰이기 때문에 온라인 커뮤니티가 많이 활성화 되어 있어 프로젝트 수행 시 경험이 많은 프로그래머의 도움을 받아 프로그램을 성공적으로 개발하는 데 유리합니다. 또한 하루에도 수백만의 개발자들이 서로 의견을 교환하면서 파이썬의 기능을 향상시키기 위해 노력하고 있습니다.

4. 강력하다.

이미지 처리, 웹 서버, 게임, 빅데이터 처리 등 난이도가 높은 소프트웨어 개발 시에는 파이썬의 표준 라이브러리를 활용하면 쉽고 빠르게 프로그램을 개발할 수 있습니다. 또한 파이썬은 C나 C++ 등의 다른 언어로 개발된 프로그램과도 서로 연계가 가능하여 프로그램의 기능을 확장하고 성능을 향상시킬 수 있습니다.

Quiz 1-1 파이썬의 특징과 출시년도

1. 다음 중 파이썬 프로그래밍의 특징이 아닌 것은?

❶ 구글을 포함한 많은 기업들과 기관에서 사용하고 있다.

❷ 코딩을 시작하기에 좋은 언어이다.

❸ 네덜란드의 귀도 반 로섬이 개발한 언어이다.

❹ 다른 언어에 비해 구조가 다소 복잡하지만 성능이 우수하다.

2. 파이썬이 처음 출시된 해는?

❶ 1970년대 초 ❷ 1980년대 초 ❸ 1990년대 초 ❹ 2000년대 초

◉ 퀴즈 정답은 37쪽에서 확인하세요.

Section 01-2 파이썬 프로그램 설치

이 책에는 쉽고 다양한 예제들이 많이 수록되어 있어 이 예제들을 실습하다 보면 자연스럽게 파이썬의 원리를 파악하고 쉽게 프로그래밍 능력을 향상시킬 수 있습니다. 책의 예제들을 실습하기 위한 파이썬 프로그램은 파이썬 공식 사이트에 접속하여 다운로드 받아 간단하게 설치할 수 있습니다.

1 프로그램 다운로드받기

웹 브라우저인 크롬(또는 인터넷 익스플로러)를 열고 파이썬 공식 사이트인 *http://python.org*에 접속하여 그림 1-1과 같은 화면에서 *Downloads*를 선택합니다. 그리고 나서 화면 왼쪽에 있는 *Download Python 3.10.1*를 클릭합니다.

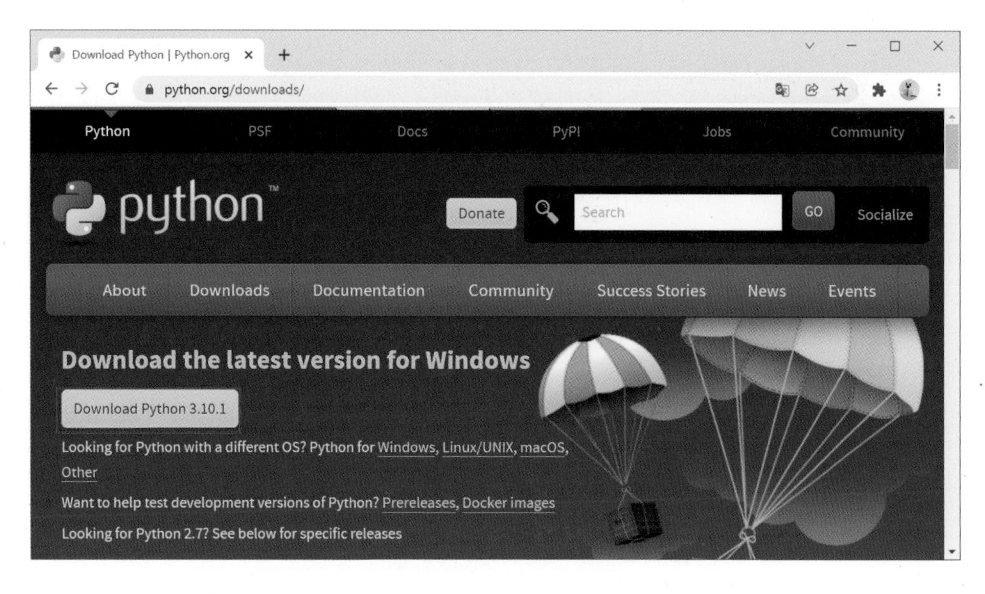

그림 1-1 파이썬 프로그램 다운로드 페이지

파일 다운로드가 완료되면 다음 그림 1-2에서 *python-3.10.1.am...exe* 버튼을 클릭하여 파이썬 프로그램 설치를 시작합니다.

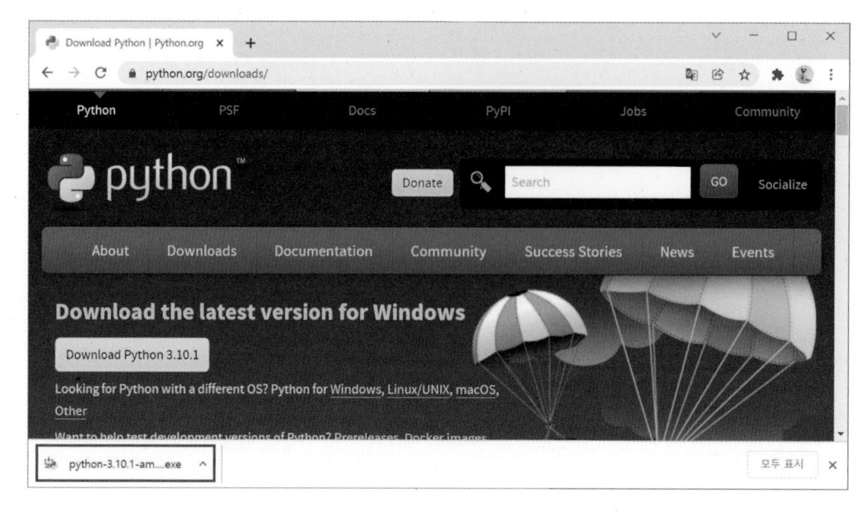

그림 1-2 파이썬 설치 실행하기

2 프로그램 설치하기

파일 다운로드가 완료되고 나서 다음 그림 1-3에서와 같이 파이썬 설치 시작 화면이 나오면 *Install Now*를 클릭하여 파이썬 설치를 시작합니다.

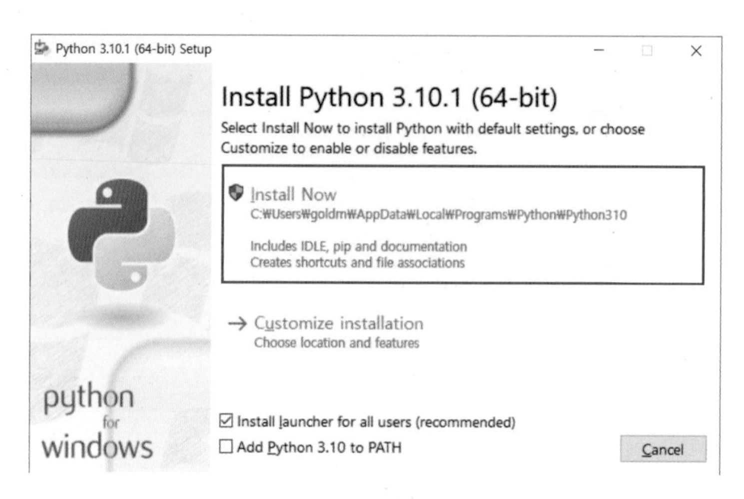

그림 1-3 파이썬 설치 시작 화면

파이썬을 설치하는 컴퓨터의 환경에 따라 혹시 중간에 *보안 경고창*이 뜨는 경우가 종종 있는데 그 때는 *예(Y) 버튼을 클릭*하여 파이썬의 설치를 시작합니다.

프로그램 설치가 시작된 후 몇 분 정도 지나면 파이썬 프로그램 설치가 완료됩니다. 설치 완료 화면인 그림 1-4가 나타나면 *Close* 버튼을 클릭하여 창을 닫습니다.

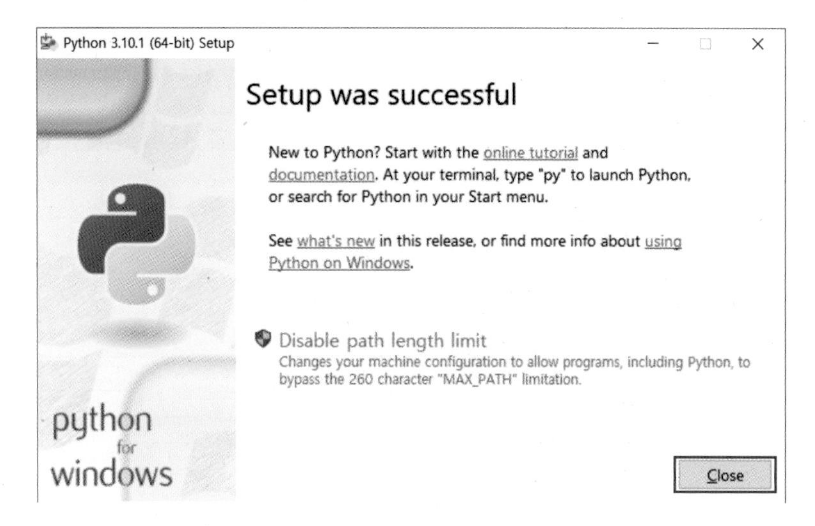

그림 1-4 파이썬 설치 완료 화면

앞의 과정을 통해 파이썬 설치가 완료되면 컴퓨터 화면의 제일 아래 왼쪽에 있는 윈도우 시작 메뉴에 그림 1-5에서와 같이 설치된 파이썬 프로그램 목록이 나타납니다.

그림 1-5 설치된 파이썬 프로그램 메뉴

프로그램 목록 중에 그림 1-5의 빨간색으로 표시된 'IDLE(Python 3.10 64-bit)' 메뉴를 선택하면 파이썬의 IDLE 프로그램이 실행되어 다음의 그림 1-6과 같은 IDLE 쉘(IDLE Shell 3.10.1) 화면이 나타납니다.

TIP IDLE이란?

*IDLE*은 'Integrated Development and Learning Environment'의 약어로 파이썬의 '통합 개발과 학습 환경'이라는 뜻입니다. IDLE은 우리말로 '아이들'이라고 부르는데 이 IDLE은 우리가 파이썬을 이용하여 프로그램을 개발하는데 필요한 필수적인 프로그램입니다.

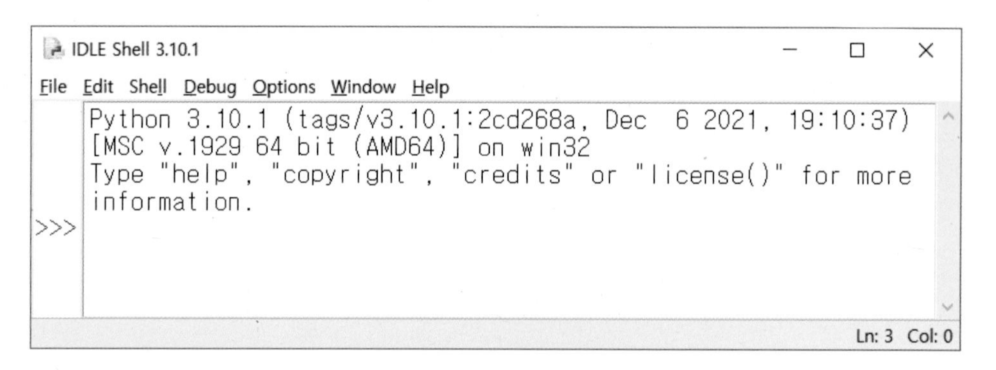

그림 1-6 IDLE 쉘 화면

위의 그림 1-6과 같은 IDLE 쉘이 컴퓨터 화면에 나타났다면 파이썬 프로그램이 제대로 설치된 것입니다.

Section 01-3

IDLE 쉘 사용법

앞의 그림 1-6의 IDLE 쉘(IDLE Shell)은 파이썬 만의 독특한 것으로 처음 프로그래밍을 배우는 초보자가 쉽게 파이썬의 명령과 문법을 배울 수 있게 해줍니다. IDLE 쉘에 직접 파이썬 프로그래밍 명령을 입력하고 엔터 키를 누르면 바로 그 결과가 쉘 화면에 출력되기 때문에 파이썬의 기능을 하나씩 쉽게 익혀갈 수 있게 됩니다.

이번 절에서는 IDLE 쉘에서 직접 명령을 입력하고 실행하는 방법에 대해 공부합니다.

다음과 같이 IDLE 쉘 프롬프트 >>> 다음에 다음과 같이 10 + 20을 입력하고 Enter 키를 눌러 보세요. 그러면 그 결과로 30이 출력됩니다.

IDLE Shell

```
>>> 10 + 20
30
```

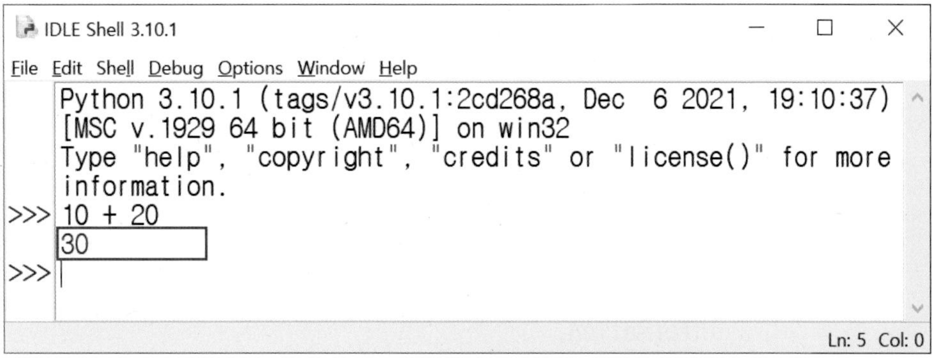

```
IDLE Shell 3.10.1
File Edit Shell Debug Options Window Help
Python 3.10.1 (tags/v3.10.1:2cd268a, Dec  6 2021, 19:10:37)
[MSC v.1929 64 bit (AMD64)] on win32
Type "help", "copyright", "credits" or "license()" for more
information.
>>> 10 + 20
30
>>> |
Ln: 5  Col: 0
```

그림 1-7 IDLE 쉘 화면에서의 사칙연산

TIP 프롬프트란?

프롬프트(Prompt)는 컴퓨터가 입력을 받아 들일 준비가 되었다는 것을 표현하기 위하여 컴퓨터 화면에 나타내는 신호를 말합니다. IDLE 쉘의 프롬프트는 >>> 입니다. 일반 PC에서는 *C:\>*, 리눅스 컴퓨터에서 사용되는 *$* 등이 모두 프롬프트의 일종입니다.

위 그림 1-7에서와 같이 IDLE 쉘에서는 덧셈(+), 뺄셈(-), 곱셈(*), 나눗셈(/) 등의 계산을 할 수 있기 때문에 계산기처럼 사용할 수도 있습니다.

이번에는 IDLE에서 다음과 같이 입력하고 Enter 키를 눌러 보세요.

IDLE Shell

```
>>> 10 + 10 * 2 / 4
15.0
```

위의 결과를 보면 일반 연산에서와 같이 곱셈(*)과 나눗셈(/)이 덧셈보다 먼저 계산된다는 것을 알 수 있습니다.

이번에는 '안녕하세요.'를 화면에 출력하는 명령을 실행해 봅시다.

IDLE Shell

```
>>> print("안녕하세요.")
안녕하세요.
```

```
IDLE Shell 3.10.1
File Edit Shell Debug Options Window Help
    Type "help", "copyright", "credits" or "license()" for more
    information.
>>> print("안녕하세요.")
    안녕하세요.
>>>
                                                      Ln: 5  Col: 0
```

그림 1-8 '안녕하세요.' 출력하기

그림 1-8에서 *print("안녕하세요.")*는 '안녕하세요.'란 메시지를 화면에 출력합니다.

이 때 '안녕하세요' 와 같은 문자는 숫자와는 달리 앞 뒤를 단 따옴표(') 또는 쌍 따옴표(")로 감싸야 합니다.

※ print()는 함수라고 부르며 괄호 안에 있는 내용을 화면에 출력하는데 print() 함수에 대해서는 나중에 02-4절에서 설명합니다.

다음의 그림 1-9에서와 같이 '안녕하세요. 다음에 따옴표(")를 빠뜨리게 되면 화면에 빨간색으로 오류가 나옵니다.

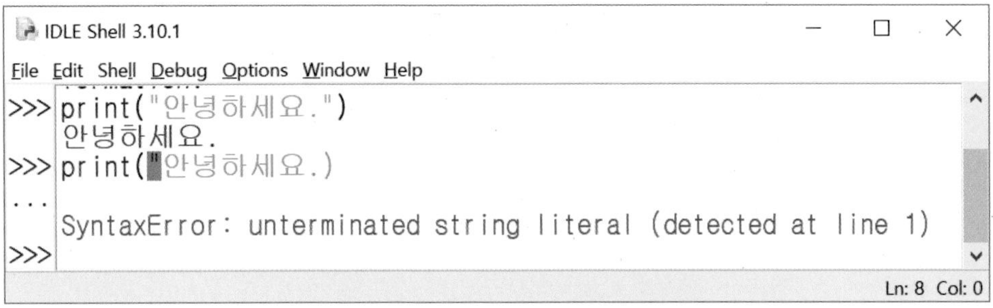

```
IDLE Shell 3.10.1
File Edit Shell Debug Options Window Help
>>> print("안녕하세요.")
    안녕하세요.
>>> print("안녕하세요.)
...
    SyntaxError: unterminated string literal (detected at line 1)
>>>
                                                    Ln: 8 Col: 0
```

그림 1-9 IDLE 쉘에서 오류 출력

그림 1-9의 'SyntaxError: unterminated string literal (detected at line 1)'란 오류 메시지에서 *Syntax*는 우리말로 '문법', *Error*는 '오류'란 의미이며 문법이 맞지 않아 오류가 발생한 것입니다.

이와같이 IDLE 쉘에서 명령이 잘못 입력되었을 때에는 오류 메시지가 나타납니다. 오류가 있을 때에는 명령을 수정한 다음 다시 실행하여 제대로 된 결과가 나오도록 해야 합니다.

Quiz 1-2 파이썬 사이트 주소와 IDLE

1. 파이썬 공식 사이트의 이름은?

❶ python.org ❷ python.net ❸ python.com ❹ python.biz

2. 다음은 파이썬 프로그램 개발 툴인 IDLE에 관한 설명이다. 거짓인 항목은 무엇인가?

❶ IDLE은 자체 에디터를 내장하고 있어 이를 이용하여 프로그래밍이 가능하다.

❷ IDLE은 파이썬에서 그래픽 프로그램을 개발하는 데 필요한 툴이다.

❸ IDLE의 IDLE 쉘에서는 파이썬 프로그램 명령을 직접 입력하고 실행할 수 있다.

❹ 파이썬 프로그램 개발을 위한 통합 개발과 학습을 위한 툴이다.

◉ 퀴즈 정답은 37쪽에서 확인하세요.

Section 01-4

프로그램 작성과 실행

본격적인 파이썬 프로그래밍을 할 때는 텍스트 에디터(Text Editor)로 프로그램을 작성하여 파일로 저장한 다음 IDLE 쉘에서 작성된 파일을 실행하여 결과를 확인하게 됩니다. 이번 절에서는 텍스트 에디터로 파일을 작성하고 실행하는 방법에 대해 알아봅니다.

파이썬 프로그래밍 실습에 사용되는 텍스트 에디터는 여러 줄의 파이썬 명령을 한꺼번에 입력하여 파일로 저장할 때 사용합니다. 파이썬 프로그래밍을 하기 위해 사용 할 수 있는 텍스트 에디터에는 다음과 같은 프로그램 들이 있습니다.

(1) 메모장 : 기능은 뛰어나지 않지만 모든 컴퓨터에 설치되어 있기 때문에 간단한 프로그램을 작성하기 편리
(2) 서브라임 텍스트(Sublime Text) : 유료/무료, 사용하기쉽고 편리한 기능이 많아 학교와 기업 등 에서 많이 사용
(3) 비쥬얼 스튜디오 코드(Visual Studio Code) : 유료/무료, 마이크로소프트사에서 개발한 프로그램으로 C, 자바 등의 기존 개발자들이 많이 사용, 무료 버전으로도 충분히 사용 가능
(4) IDLE 에디터(IDLE Editor) : 앞 절에서 설치한 IDLE 프로그램에 기본으로 내장된 텍스트 에디터로 파이썬 프로그래밍에 최적화 되어 있고 파이썬 프로그램 코드를 작성하는 데 여러 가지 편리한 기능을 많이 제공

위의 프로그램 외에도 에디트 플러스(Edit Plus), 애크로에디트(Acroedit) 등 많은 텍스트 에디터 프로그램이 있습니다. 만약 여러분이 사용해 본 경험이 있는 익숙한 에디터가 있으면 그것을 사용하면 됩니다.

❗ *이 책의 모든 프로그래밍 실습*은 IDLE에 내장되어 있는 *IDLE 에디터*를 사용합니다.

1 실습 폴더 만들기

자, 그럼 먼저 이 책의 프로그래밍 실습에 사용할 폴더를 만들어 봅시다. 먼저 컴퓨터의 로컬 디스크의 C: 드라이브를 열면 다음의 그림과 같은 화면이 나옵니다.

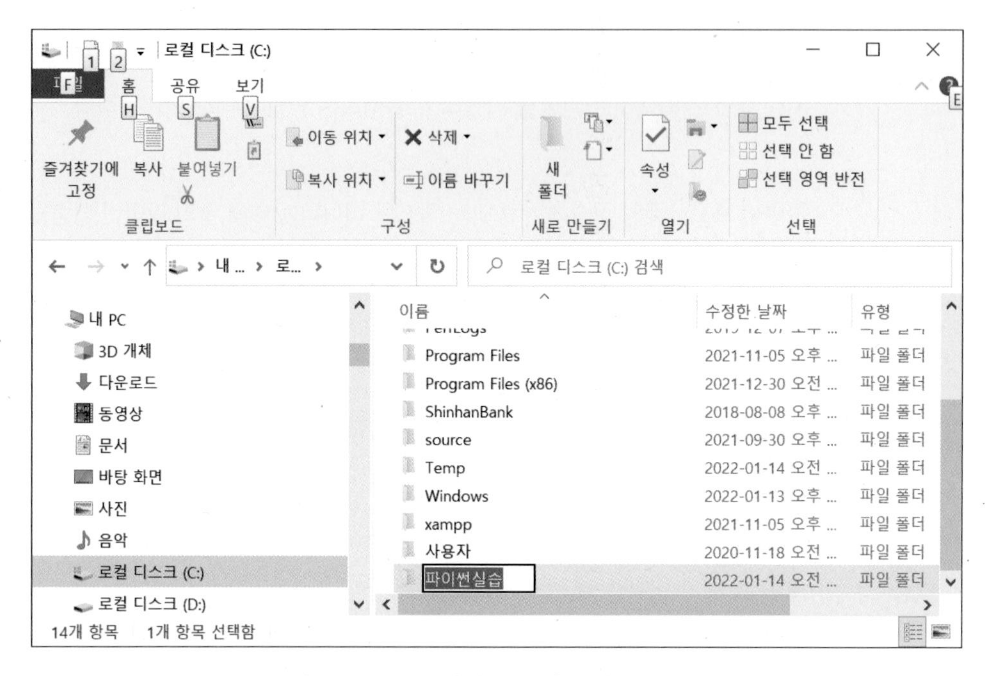

그림 1-10 C: 드라이브에 새 폴더 만들기

위의 그림 1-10의 화면 상단 우측의 '새폴더' 아이콘을 클릭한 다음 폴더 이름을 '파이썬실습'으로 하고 Enter 키를 누릅니다.

'파이썬 실습' 폴더는 우리가 책의 예제 실습에서 작성하는 프로그램 파일들을 저장하는 공간이 됩니다.

2 IDLE 에디터로 프로그램 작성하기

앞 그림 1-9에서와 같은 IDLE 쉘 화면의 상단 메뉴 중에서 제일 왼쪽에 있는 *File* 〉 *New File*을 선택하면 다음과 같이 IDLE의 에디터의 새 창이 열립니다.

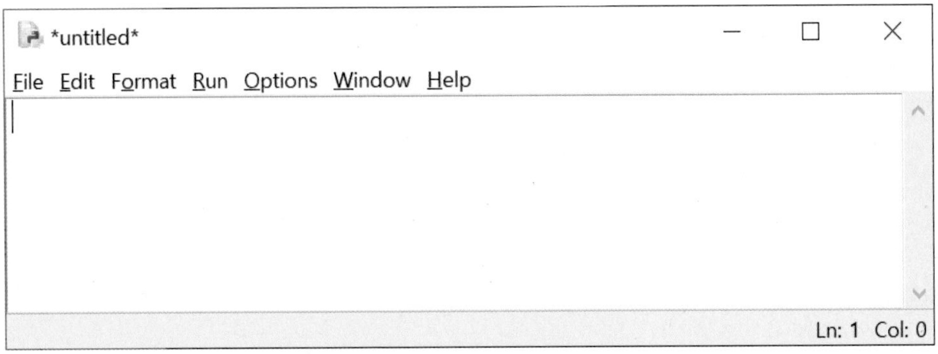

그림 1-11 IDLE 에디터 화면

위 그림 1-11의 IDLE 에디터에 다음과 같이 간단하게 두 줄짜리 프로그램을 입력해 봅시다.

```
print('안녕하세요.')
print('반갑습니다.')
```

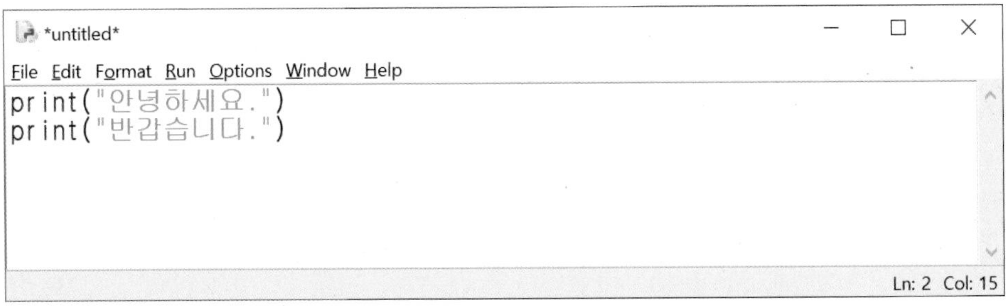

그림 1-12 IDLE 에디터에서 프로그램 작성

위의 그림 1-12에서와 같이 프로그램 작성을 완료하였다면 화면 상단 좌측의 메뉴에서 *File* 〉 *Save*를 선택하거나 *단축키 Ctrl + S*를 누르면 다음과 같은 화면이 나타납니다.

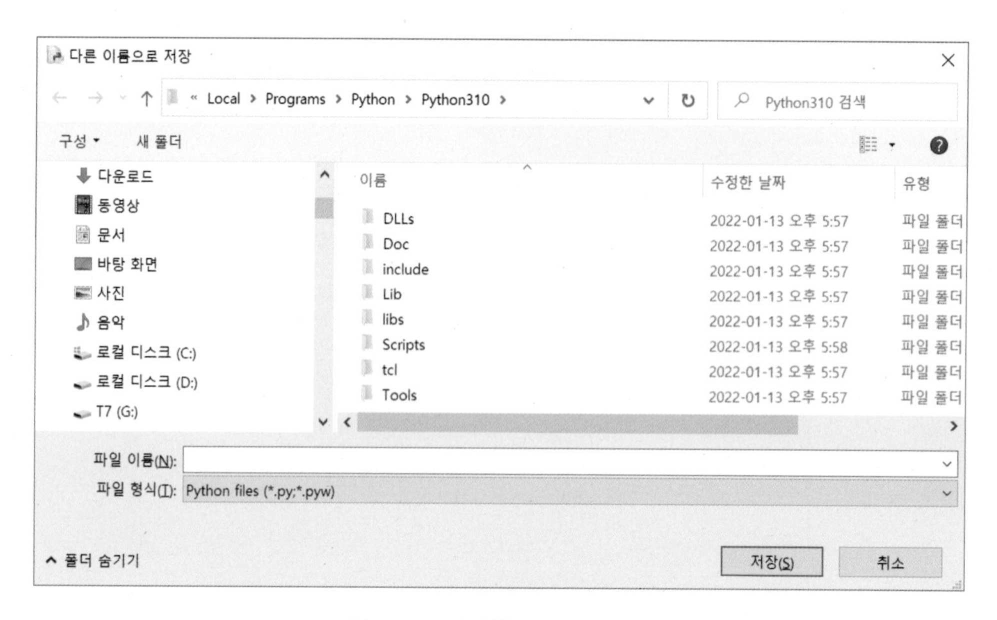

그림 1-13 저장할 폴더 선택 화면

위 그림 1-13 화면의 좌측에 있는 '로컬 디스크(C:)'를 클릭한 다음 '파이썬실습' 폴더 안으로 이동합니다.

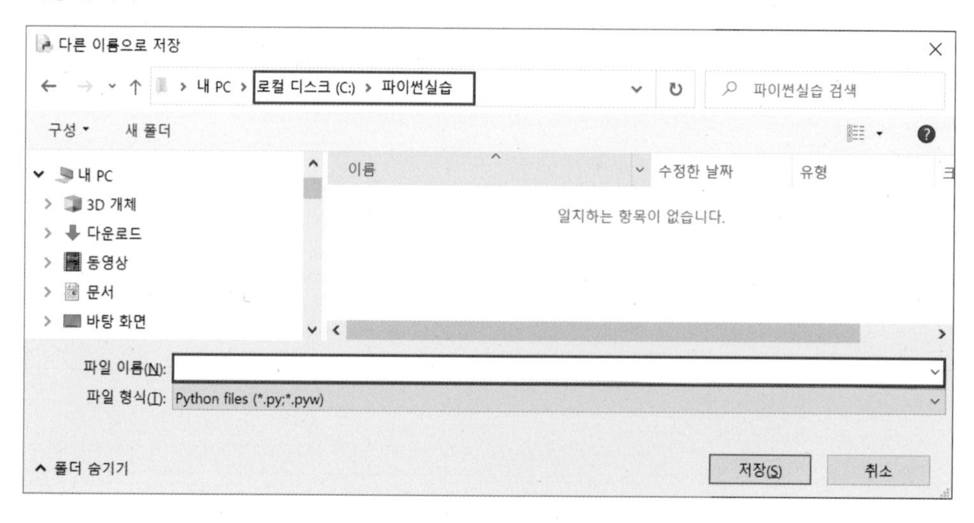

그림 1-14 '파이썬실습' 폴더 선택

그림 1-14의 *파일 이름(N):* 박스에 *hello* 라고 입력한 다음 오른쪽 하단의 *저장(S)* 버튼을 클릭하여 파일을 저장합니다.

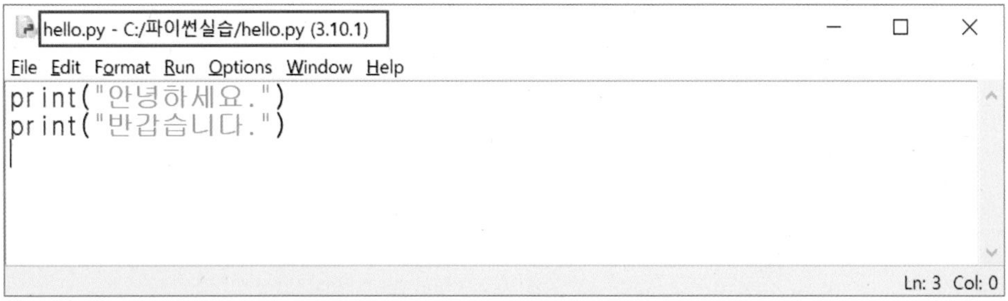

```
hello.py - C:/파이썬실습/hello.py (3.10.1)
File Edit Format Run Options Window Help
print("안녕하세요.")
print("반갑습니다.")

Ln: 3 Col: 0
```

그림 1-15 IDLE 에디터에서 파일 저장 후 화면

위의 그림 1-15의 화면 상단을 보면 hello.py 파일은 C: 드라이브의 '파이썬실습' 폴더에 저장되어 있음을 확인할 수 있습니다. 파일명 hello.py 에서 알 수 있듯이 파이썬 소스 프로그램의 파일 확장자는 .py가 됩니다.

TIP 소스 프로그램과 파일 확장자

소스 프로그램

소스 프로그램(Source Program)은 인간이 기술한 언어, 즉 컴퓨터 키보드로 타이핑하여 작성한 프로그램을 의미합니다. 다른 말로 소스 코드(Source Code)라고도 부릅니다. 이 소스 프로그램을 저장한 파일을 소스 파일(Source File)이라고 합니다.

파일 확장자

파이썬의 소스 파일의 뒤에 붙는 파일 확장자는 .py인데 이 파일 확장자는 파일의 성격을 규정짓는 데 사용합니다. 예를 들어 한글 문서 편집기로 작성한 문서의 파일 확장자는 .hwp이고 MS 워드 파일은 .doc, 파워포인트 파일은 .pptx, 웹에서 사용되는 HTML 문서 파일은 .html의 파일 확장자를 갖게 됩니다.

3 IDLE 에디터에서 프로그램 실행하기

앞의 그림 1-15 IDLE 에디터에서 hello.py 파일을 실행하려면 메뉴 *Run* 〉 *Run Module* 을 클릭하거나 단축키인 *F5*를 누릅니다. 그러면 hello.py 에서 작성한 프로그램 코드가 IDLE 쉘에서 실행되어 다음의 화면과 같은 결과가 출력됩니다.

```
IDLE Shell 3.10.1
File Edit Shell Debug Options Window Help
    Type "help", "copyright", "credits" or "license()" for more information.
>>>
    ========================= RESTART: C:/파이썬실습/hello.py =========================
    안녕하세요.
    반갑습니다.
>>>
                                                                        Ln: 7 Col: 0
```

그림 1-16 IDLE 쉘에서 hello.py 실행 결과

위 그림 1-16에 파란색 글씨로 '안녕하세요. 반갑습니다.'란 메세지가 화면에 출력 되었습니다. 만약 다음 그림과 같이 작성한 프로그램에 오류가 있으면 IDLE 쉘에서 오류를 나타내는 창이 나타납니다.

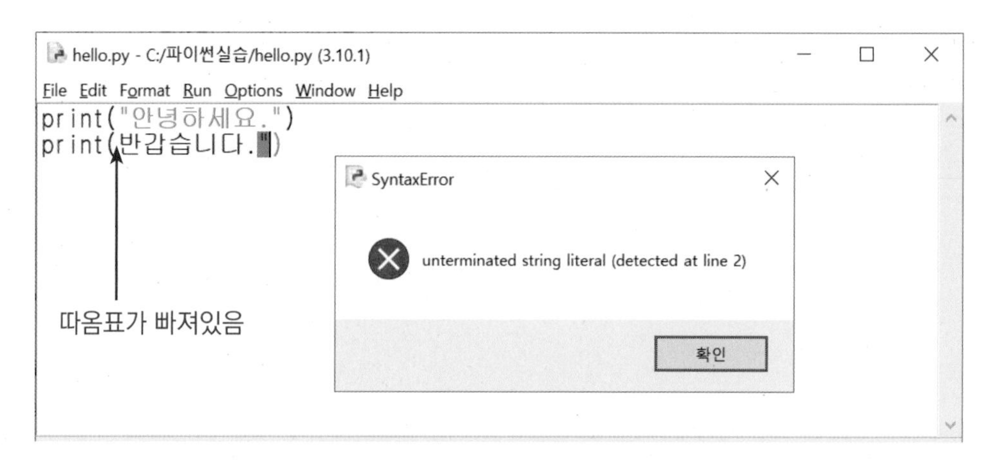

그림 1-17 파일 실행에서 오류 발생

위 그림 1-17에서와 같이 따옴표(")를 빠뜨리고 *F5*를 눌러 프로그램을 실행하면 문법상 오류를 뜻하는 *SyntaxError*가 발생됩니다.

Quiz 1-3 파이썬 실행과 파일 확장자

1. IDLE 에서 저장된 프로그램 소스 파일을 불러와서 실행할 때 사용하는 단축키는 무엇인가?

❶ F5 ❷ F10 ❸ F12 ❹ F1

2. 파이썬 프로그램 소스 파일의 파일 확장자는 무엇인가?

❶ .pyth ❷ .py ❸ .hwp ❹ .txt

◉ 퀴즈 정답은 37쪽에서 확인하세요.

퀴즈 1-1 정답 : 1. ❹ 2. ❸
퀴즈 1-2 정답 : 1. ❶ 2. ❷
퀴즈 1-3 정답 : 1. ❶ 2. ❷

연습문제 1장. 파이썬과 프로그램 설치

Q1-1. 다음은 파이썬과 프로그램 개발 환경에 관한 설명이다. 참이면 O, 틀리면 X 표시를 하시오.

(1) 파이썬은 1970년대에 개발되었다. (　　　　　)

(2) 파이썬은 강력한 성능을 가지고 있으나 다른 프로그래밍 언어에 비해 익히기 어렵다. (　　　　　)

(3) 파이썬의 기본 개발 툴은 IDLE이다. (　　　　　)

(4) 메모장으로는 파이썬 프로그램을 작성할 수 없다. (　　　　　)

(5) IDLE 개발 툴은 크게 IDLE 쉘과 IDLE 에디터로 구성된다. (　　　　　)

(6) IDLE 쉘을 이용하여 덧셈, 뺄셈, 곱셈, 나눗셈 등의 사칙연산을 할 수 있다. (　　　　　)

(7) 컴퓨터에서 프롬프트는 컴퓨터가 입력을 받아들일 준비가 되었다는 것을 알려주는 신호이다. (　　　　　)

(8) IDLE 쉘에서 발생하는 'SyntexError'는 문법상의 오류를 말한다. (　　　　　)

(9) 파이썬 공식 사이트의 이름은 'python.com'이다. (　　　　　)

(10) IDLE 에디터에서 작성한 프로그램을 저장하는 단축키는 Ctrl + C이다. (　　　　　)

(11) IDLE 에디터에서 작성한 프로그램을 실행하는 단축키는 F5이다.(　　　　　)

(12) 파이썬 프로그램 소스 파일의 파일 확장자는 .python 이다. (　　　　　)

Q1-2. 다음은 IDLE 쉘에서 본인의 이름, 주소, 이메일을 출력하는 프로그램이다.

```
IDLE Shell 3.10.1
File Edit Shell Debug Options Window Help
>>> [      ]("홍길동")
홍길동
>>> [      ]("용인시 수지구 성복2로")
용인시 수지구 성복2로
>>> [      ]("test@korea.com")
test@korea.com
>>>
                                        Ln: 9 Col: 0
```

위 그림에서 빈 박스에 공통적으로 들어가는 내용은 무엇인가? (　　　　　　)

Q1-3. IDLE 에디터를 이용하여 2번 문제의 프로그램을 파일로 작성한 다음 파일을 저장하고 실행하시오. 저장 파일명은 'print_me.py'로 하고 프로그램 실행 결과는 다음과 같아야 한다.

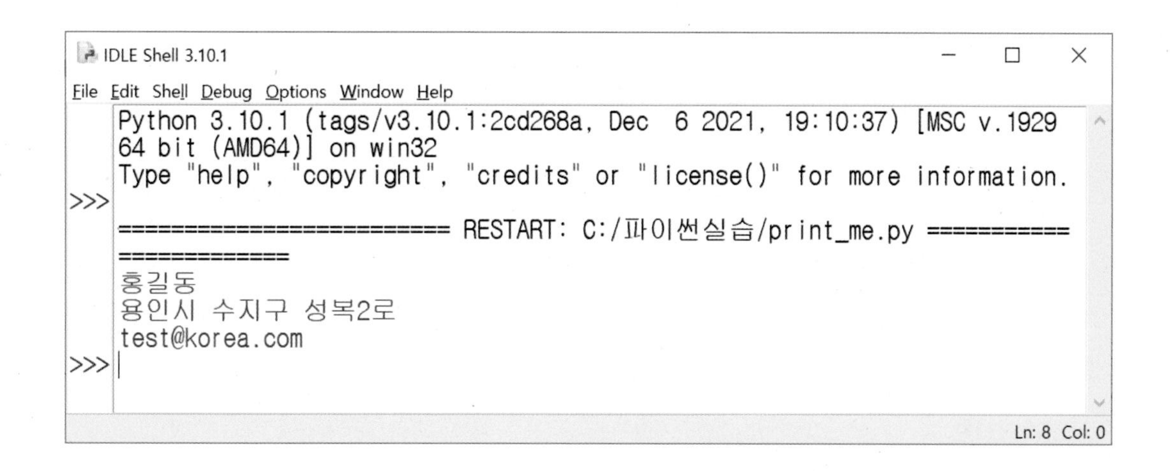

연습문제 정답은 책 뒤 부록에 있어요.

02

Chapter 02
파이썬의 기본 문법

2장에서는

이번 장에서는 변수의 개념, 변수의 사용법, 변수명을 만드는 방법 등에 대해 공부합니다. 숫자의 연산에 사용되는 사칙 연산자, 나머지 연산자, 소수점 절삭 연산자, 거듭제곱 연산자의 사용법을 익히고 문자열을 처리하는 방법에 대해 배웁니다. 또한 input() 함수를 이용하여 키보드로 데이터를 입력하는 방법과 print() 함수를 이용하여 다양한 방법으로 데이터를 화면에 출력하는 방법에 대해서도 배웁니다.

Section 02-1

변수

변수(Variable)는 값을 저장하는 박스와 같은 것으로서 변수를 만든다는 것은 숫자나 문자열과 같은 데이터를 저장할 수 있는 공간을 마련하는 것을 의미합니다.

우리가 보통 수학의 방정식에서 사용하는 형태인 x + y = 3 에서의 x와 y는 어떤 변하는 값을 가지게 되는 변수입니다. 이 변수의 개념이 컴퓨터 프로그래밍에서도 그대로 적용됩니다.

이번 절에서는 프로그래밍에서 변수를 사용하는 방법과 변수명을 짓는 방법에 대해서 공부합니다.

1 변수에 데이터 저장하기

자 그럼 앞의 1장에서 배운 IDLE 쉘에서 변수에 대해 간단한 실습을 해보겠습니다. 먼저 *Ctrl + Esc* 키를 누르거나 컴퓨터 모니터의 왼쪽 아래에 있는 윈도우 모양의 아이콘을 누르면 나타나는 프로그램 목록에서 *Python 3.10 〉 IDLE(Python 3.10)*을 선택하면 다음의 화면이 나타납니다.

```
IDLE Shell 3.10.1
File Edit Shell Debug Options Window Help
Python 3.10.1 (tags/v3.10.1:2cd268a, Dec  6 2021, 19:10:37)
[MSC v.1929 64 bit (AMD64)] on win32
Type "help", "copyright", "credits" or "license()" for more
information.
>>>
Ln: 3  Col: 0
```

그림 2-1 IDLE 쉘 화면

IDLE Shell

```
>>> a = 5          ❶
>>> print(a)       ❷
5
```

❶ 변수 a에 숫자 5를 저장합니다. 파이썬을 포함한 컴퓨터 프로그래밍 언어에서 기호 =는 '같다'란 의미가 아닙니다. 기호 =는 오른쪽에 있는 값을 왼쪽에 있는 변수에 저장하라는 프로그램 명령입니다. 따라서 숫자 5의 값을 변수 a에 저장하게 됩니다.

❷ *print(a)*는 변수 a의 값을 화면에 출력합니다. 바로 앞에서 변수 a에 5를 저장하였기 때문에 5가 화면에 출력됩니다.

print()와 같은 것을 함수라고 부른다고 1장 28쪽에서 설명하였고 함수에 대해서는 7장에서 자세히 공부합니다

IDLE Shell

```
>>> a = 3          ❶
>>> b = 7
>>> c = a + b      ❷
>>> print(c)       ❸
10
```

❶ 변수 a에 3, 변수 b에는 7을 저장합니다.

❷ a와 b의 값을 더한 결과인 10을 변수 c에 저장합니다.

❸ print() 함수를 이용하여 변수 c의 값을 출력합니다. 그 결과 10이 화면에 출력됩니다.

2 변수 이름 짓기

변수명을 지을 때에는 문법상 규칙이 있는 데 이를 따르지 않으면 프로그램에 오류가 발생합니다. 올바른 변수명을 만드는 방법에 대해 알아봅시다.

[규칙 1] 변수명은 일반적으로 영문자 대소문자로 시작

일반적으로 변수명은 영문 소문자로 시작합니다. 영문자 대문자로 시작해도 오류는 나지 않지만 변수명의 시작에 대소문자를 혼용해서 사용하면 변수명을 기억하는데 헷갈릴 수 있습니다.

예를 들어 변수명 a, b, x, y, i, j, str, animal, computer, age, sum, type1, type2, num1, num2 ... 에서와 같이 첫 글자는 영문 소문자로 되어 있습니다.

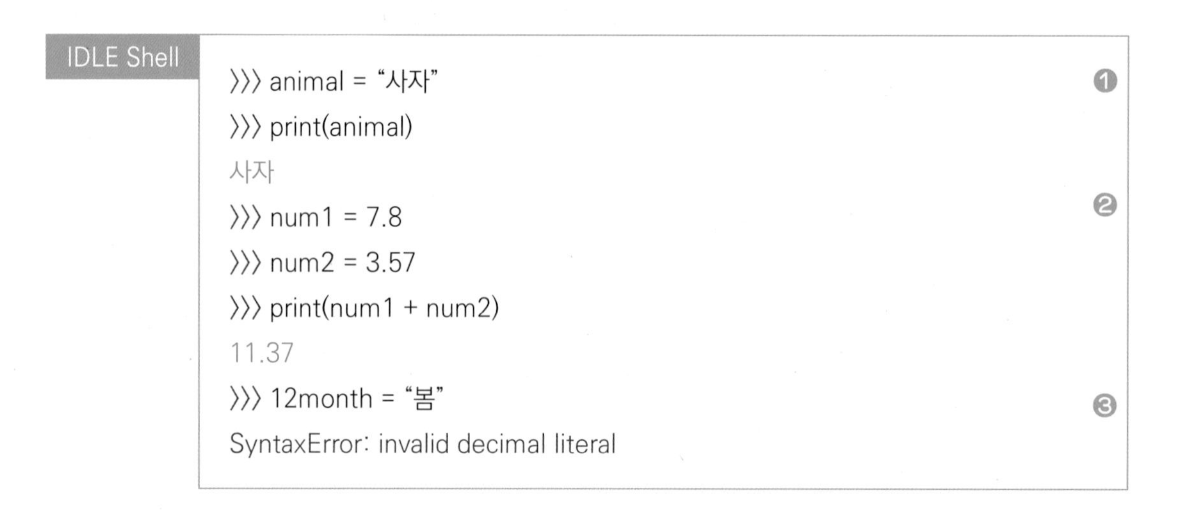

IDLE Shell

```
>>> animal = "사자"            ❶
>>> print(animal)
사자
>>> num1 = 7.8                 ❷
>>> num2 = 3.57
>>> print(num1 + num2)
11.37
>>> 12month = "봄"             ❸
SyntaxError: invalid decimal literal
```

❶,❷ 사용된 변수명 animal, num1, num2 는 모두 유효한 변수명입니다.

❸ 변수명 12month는 변수명을 숫자로 시작하였으니 유효하지 않습니다. 따라서 문법 오류가 발생하였습니다.

TIP SyntaxError

SyntaxError는 프로그램의 문법상 오류를 뜻하는 것으로서 프로그래밍 시 흔히 발생되는 오류 중의 하나입니다.

[규칙 2] 변수명은 영문자 또는 영문자/숫자/밑줄(_) 조합

일반적으로 변수명은 영문자 또는 숫자, 밑줄(_)의 조합으로 이루어집니다.

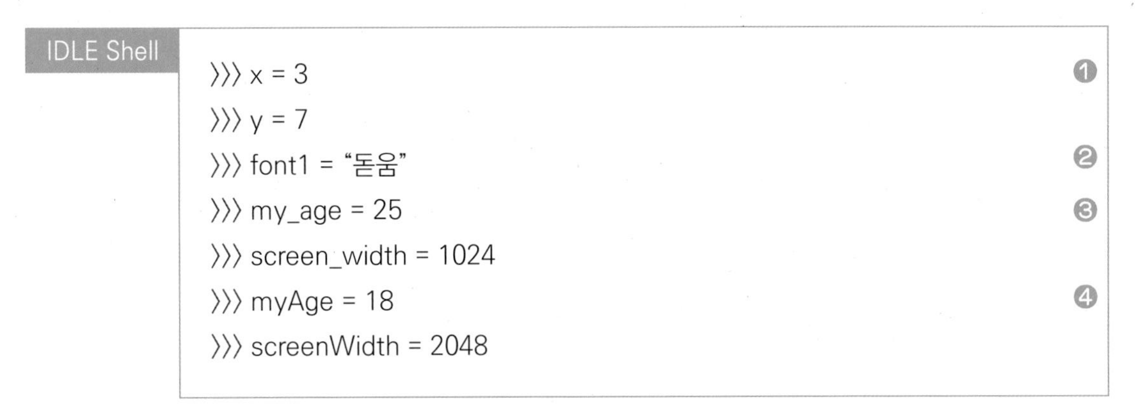

IDLE Shell

```
>>> x = 3          ❶
>>> y = 7
>>> font1 = "돋움"   ❷
>>> my_age = 25     ❸
>>> screen_width = 1024
>>> myAge = 18      ❹
>>> screenWidth = 2048
```

위에서 사용된 변수들의 변수명은 모두 유효한 변수명입니다.

❶ 변수 x, y에서와 같이 변수명은 영문 소문자만으로 사용하는 경우가 많습니다.

❷ 변수명 font1은 영문자와 숫자를 조합해서 만들어졌습니다.

❸ my_age와 screen_width는 모두 잘 만들어진 변수명입니다. 작성하고자 하는 프로그램이 복잡해져 변수의 개수가 많아지면 변수들을 서로 구분하고 기억하기 쉽게 하기 위해 변수명을 길게 하는 경우가 많습니다. 하나의 변수명에 두 단어를 사용할 경우에는 두 단어를 연결하기 위해 밑줄(_)을 많이 사용합니다.

❹ 변수명 myAge와 screenWidth에서와 같이 두 단어를 연결할 때 두 번째 단어의 첫 자를 대문자로 사용하는 경우도 종종 있습니다.

위에서와 같이 변수명을 지을 때는 변수명을 보고 그 변수가 무엇을 의미하는 지를 유추할 수 있도록 해야 합니다. 변수명의 길이가 길면 불편하다고 생각할지 모르지만 조금 길어지더라도 의미가 담겨있는 변수명을 사용하여 프로그램 코드의 가독성을 높여 누가 보더라도 쉽게 프로그램을 이해할 수 있게 하는 것이 좋습니다.

프로그램을 짠 다음 그 프로그램을 수정할 때나 여럿이 공동으로 프로그램을 개발할 때는 특히 변수명을 보고 바로 쉽게 이해할 수 있도록 하는 것이 중요합니다.

문법에는 어긋나지는 않지만 변수명을 다음과 같이 사용하는 것은 좋지 않습니다.

IDLE Shell

```
>>> aaa = "돈움"
>>> xxx = 37
>>> abc = 10.5
```

위에서와 같이 aaa, bbb, ccc, xxx, abc, abcde 등의 변수명을 사용하면 문법에 오류는 없지만 작성한 프로그램을 이해하기 어렵게 됩니다.

[규칙 3] 변수명에 특수 문자와 공백 사용 금지

&, ^, (,), %, $, #, @, , ! 등과 같은 특수문자와 공백은 변수명에 사용할 수 없습니다. 변수명에 한글을 사용해도 오류가 발생하진 않지만 일반적으로 한글은 변수명에 사용하지 않습니다.

IDLE Shell

```
>>> email@ = "test@naver.com"     ❶
    SyntaxError: invalid syntax
>>> my age = 30                   ❷
    SyntaxError: invalid syntax
```

❶ 변수명 email@에 특수문자인 @가 사용되어 오류가 발생하였습니다.

❷ 변수명 my age에서는 my와 age 사이에 공백이 사용되었기 때문에 문법 오류가 발생한 것입니다.

Quiz 2-1 유효한 변수명

1. 다음 중 변수명으로 적합한 것은?

❶ 컴퓨터 ❷ 63building ❸ file_name ❹ font&

2. 다음 중 변수명으로 적합하지 않은 것은?

❶ eng_score ❷ font1 ❸ studentName ❹ file name

◉ 퀴즈 정답은 82쪽에서 확인하세요.

Section 02-2

숫자와 연산자

파이썬에서는 정수와 실수의 숫자가 사용되고 이러한 숫자를 연산하는 데에는 사칙 연산자(+, - , *, /)와 나머지 연산자(%), 소수점 절삭 연산자(//), 거듭제곱 연산자(**) 등이 사용됩니다. 이번 절에서는 정수형과 실수형 숫자와 이 숫자를 연산하는 데 사용되는 연산자들에 대해 알아봅시다.

파이썬에서 사용되는 숫자는 정수형과 실수형으로 나눌 수 있는데 먼저 이에 대해 살펴봅시다.

1 정수형 숫자

정수형(Integer) 숫자는 우리가 일반적으로 알고 있는 정수인 음수, 0, 양수로 구성된 숫자를 나타냅니다. 다음의 예제를 통하여 정수형 숫자에 대해 알아봅시다.

IDLE Shell

```
>>> 1 + 2 + 3                        ❶
6
>>> a = -8 - 10 * (-3 + 2)           ❷
>>> print(a)
2
>>> print(10 + 20 + 30)              ❸
60
```

❶ 정수형 숫자인 1, 2, 3를 더한 결과 6이 출력됩니다.

❷ 정수형 숫자인 -8, 10, -3, 2가 사용되었으며 일반 연산에서 마찬가지로 컴퓨터 프로그래밍에서도 *괄호 안의 연산이 우선적으로 계산*됩니다. 실행 결과인 2가 출력됩니다.

❸ print() 함수 괄호 안에 숫자 연산식을 넣으면 화면에 그 결과(60)를 출력할 수 있습니다.

2 실수형 숫자

실수형(Floating point) 숫자는 -0.37, -33.0, 37.33에서와 같이 소수점을 가진 숫자를 의미합니다. 실수형 숫자를 이용한 간단한 실습을 다음과 같이 해봅시다.

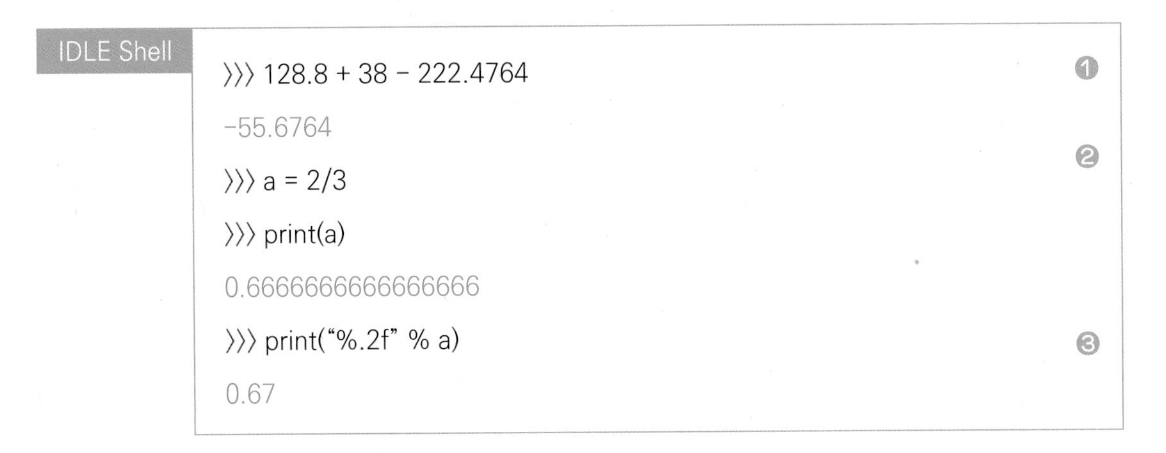

IDLE Shell

```
>>> 128.8 + 38 - 222.4764          ❶
-55.6764
>>> a = 2/3                         ❷
>>> print(a)
0.6666666666666666
>>> print("%.2f" % a)               ❸
0.67
```

❶ 여기서 실수형 숫자 128.8과 222.4764이 사용됩니다.

❷ 정수형 숫자 2를 3으로 나눈 결과를 출력하면 0.6666666666666666 에서와 같이 소숫점 여러 자리로 표시됩니다.

❸ print("%.2f" % a)는 ❷에서 사용된 변수 a의 값을 소수점 둘째 자리까지 나타내는 데 사용됩니다.

ⓘ %f는 실수형을 출력하는 데 사용하고 %.2f 는 소수점 둘째 자리까지 사용한다는 의미입니다. print() 함수를 이용한 출력 포맷에 대해서는 02-4절에서 자세히 설명합니다.

3 변수 형 구하기

다음 예제를 통하여 type() 함수를 이용해서 변수의 형을 구하는 방법을 살펴 봅시다.

IDLE Shell

```
>>> a =123          ❶
>>> type(a)
<class 'int'>
>>> b = 123.45      ❷
>>> type(b)
<class 'float'>
```

❶ type(a)의 결과는 〈class 'int'〉 로 나타납니다. 이는 변수 a의 형이 int라는 것을 의미하는데 여기서 int는 Integer의 약어로 정수를 의미합니다.

❷ 여기서 변수 b는 float, 즉 실수형이라는 것을 알 수 있습니다. float는 'Floating point'의 약어입니다.

4 사칙 연산자 : +, - , *, /

사칙 연산자에는 덧셈(+), 뺄셈(-), 곱셈(*), 나눗셈(/)이 있는데 다음 예제를 살펴봅시다.

IDLE Shell

```
>>> a = 10 + 20 * 30      ❶
>>> print(a)
610
>>> (10 + 20 ) * 30       ❷
900
```

```
>>> b = 10 - 20 / 10          ❸
>>> print(b)
8.0
>>> type(a)                   ❹
<class 'int'>
>>> type(b)                   ❺
<class 'float'>
```

❶ 곱하기(*)가 먼저 계산되어 20 * 30의 결과인 600에 10을 더하게 되어 변수 a는 610의 값을 가집니다.

❷ 10 + 20의 계산을 먼저 하려면 괄호를 사용하여야 합니다.

❸ 여기서도 나눗셈이 먼저 계산되어 최종 결과는 8.0이 됩니다.

❹ 변수 a의 형은 정수형입니다.

❺ 나눗셈의 결과는 실수형이 되기 때문에 변수 b는 float인 실수형이 됩니다.

파이썬에서 변수의 형은 저장되어 있는 데이터에 따라 그 변수의 형이 결정됩니다. 정수형 숫자가 저장된 변수는 정수형 변수, 실수형 숫자가 저장되어 있으면 실수형 변수, 문자열이 저장되어 있으면 문자열 변수가 되는 것입니다.

5 나머지 연산자 : %

나머지 연산자 %는 어떤 수를 나눈 나머지를 계산합니다.

IDLE Shell

```
>>> a = 17 % 5                ❶
>>> print(a)
2
```

```
>>> b = 29 % 6                                                    ❷
>>> print(b)
5
>>> c = a % b                                                     ❸
>>> print(c)
2
```

❶ 17을 5로 나누면 몫이 3, 나머지가 2가 되기 때문에 17 % 5의 결과는 2 입니다.

❷ 29를 6으로 나눈 나머지는 5가 됩니다.

❸ a % b는 2 % 5가 되는 데 2를 5로 나누면 몫이 0, 나머지가 2가 되기 때문에 그 결과는 2 입니다.

6 소수점 절삭 연산자 : //

소수점 절삭 연산자 //는 어떤 수로 나누었을 때 소수점 이하를 절삭한 값을 구하는 데 사용합니다.

IDLE Shell

```
>>> 10 / 3                                                        ❶
3.3333333333333335
>>> 10 // 3                                                       ❷
3
```

❶ 10 / 3은 실수형이 되며 그 결과는 3.3333333333333335 이 됩니다.

❷ 10 // 3의 경우에는 ❶의 결과 값에서 소수점 이하를 절삭하기 때문에 그 결과는 3이 됩니다.

7 거듭제곱 연산자 : **

거듭제곱 연산자 **는 어떤 수의 거듭제곱을 계산하는 데 사용합니다.

IDLE Shell

```
>>> 2**3        ❶
8
>>> 3**4        ❷
81
```

❶ 2**3은 2의 3승을 의미하며 그 결과는 8이 됩니다.

❷ 3**4는 3의 4승인 81이 됩니다.

지금까지 배운 숫자에 사용되는 연산자들을 표로 정리하면 다음과 같습니다.

표 2-1. 숫자 연산자

연산자	설명
+	더하기
-	빼기
*	곱하기
/	나누기
%	나머지 연산
//	소수점 이하 절삭
**	거듭제곱 구하기

Quiz 2-2 숫자의 데이터 형과 숫자 연산자

1. 파이썬에서 사용되는 숫자의 데이터형이 아닌 것은?

❶ 정수(int) ❷ 부호없는 정수(unsigned int) ❸ 실수(float)

2. 다음에 나타난 IDLE 쉘 명령의 실행 결과는?

```
>>> a = 50 - 5 * 4
>>> print(a)
```

❶ 30 ❷ 180

3. 다음에 나타난 IDLE 쉘 명령의 실행 결과는?

```
>>> 7 % 10
```

❶ 7 ❷ 10 ❸ 3 ❹ 5

4. 다음에 나타난 IDLE 쉘 명령의 실행 결과는?

```
>>> a = 3
>>> b = 20
>>> c = b // a
>>> print(c)
```

❶ 6.6666666666666 ❷ 20 ❸ 3 ❹ 6

5. 다음에 나타난 IDLE 쉘 명령의 실행 결과는?

```
>>> c = 10//4
>>> d = 2**4
>>> print(c + d)
```

❶ 18.5 ❷ 18.0 ❸ 10 ❹ 18

◉ 퀴즈 정답은 82쪽에서 확인하세요.

Section
02-3

문자열

앞에서 배운 숫자 데이터와 마찬가지로 프로그래밍에서 가장 많이 쓰이는 데이터 형 중의 하나가 문자열입니다. 예를 들어, "가", "사자", "안녕하세요. 반갑습니다~~~", 'a', 'happy', 'I go to school.', "010-1234-5678" 등은 모두 문자열에 해당됩니다.

이번 절에서는 이 문자열을 다루는 방법에 대해 공부합니다.

문자열(String)은 하나 또는 여러 개의 문자로 구성된 데이터형입니다. 문자열에서는 해당 문자들의 앞과 뒤에 쌍 따옴표(") 또는 단 따옴표(')를 붙입니다.

예를 들어 "안녕하세요."와 '안녕하세요.'는 동일한 것입니다. 어느 것을 사용하든 둘 간에 별 차이는 없으니 독자 여러분은 사용하고 싶은 것을 사용하면 됩니다.

ⓘ 이 책에서 사용되는 모든 문자열에는 쌍 따옴표(")를 사용합니다.

자 그럼 먼저 문자열에서 특정 문자를 추출하는 문자열 추출에 대해 공부해 봅시다.

1 문자열 추출하기

다음 예제를 통하여 문자열의 인덱스(Index)를 이용하여 문자열을 추출하는 방법에 대해 알아 봅시다.

IDLE Shell

```
>>> word = "apple"        ❶
>>> print(word)
apple
```

```
>>> word[0]                ❷
'a'
>>> word[1]                ❸
'p'
>>> word[0:3]              ❹
'app'
```

❶ 변수 word에 문자열 'apple'을 저장하고 print() 함수를 이용하여 문자열 word를 화면에 출력합니다.

❷ word[0]에서 0과 같은 것을 문자열의 인덱스라고 부르는 데 인덱스는 *문자열에서 문자의 위치*를 나타냅니다. 인덱스 0은 문자열의 첫 번째 원소를 의미합니다. 따라서, word[0]는 첫 번째 원소인 문자 'a'를 추출합니다.

ⓘ 문자열의 위치를 나타내는 인덱스는 1이 아니라 0부터 시작합니다.

❸ word[1]은 인덱스 1이 지시하는 두 번째 원소인 'p'의 값을 가집니다.

❹ word[0:3]에서의 인덱스 0:3은 0부터 3 미만의 값, 즉 0부터 2까지의 문자열을 추출하는 데 사용됩니다. 따라서 word[0:3]은 인덱스 0, 1, 2에 해당되는 요소의 문자열인 'app'의 값을 가집니다.

TIP 전화번호는 숫자일까? 문자열일까?

컴퓨터 프로그래밍 언어에서 전화번호는 문자열로 처리합니다. 컴퓨터에서 숫자란 연산이 적용될 수 있는 수입니다.

전화번호에다 값을 더하거나 빼거나 하지 않기 때문에 전화번호는 문자열로 표현되고 '123-1234' 또는 "123-1234"에서와 같이 전화번호 앞 뒤에 따옴표로 감싸게 됩니다.

이와 비슷한 개념이 주소에서 사용되는 번지수나 동호수입니다. 이와 같은 데이터도 문자열로 처리해야 합니다.

Quiz 2-3 문자열과 문자 추출

1. 주민등록 번호(xxxxxxx-xxxxxxx)의 데이터 형으로 적합한 것은?

❶ 정수형 ❷ 문자열 ❸ 실수형

2. 다음에 나타난 IDLE 쉘 명령의 실행 결과는?

```
>>> a = "우리는 민족중흥의 역사적 사명을 띠고 이 땅에 태어났다."
>>> a[3:12]
```

❶ '는 민족중흥의 역사' ❷ '는 민족중흥의 역'
❸ '민족중흥의 역사' ❹ ' 민족중흥의 역사'

3. 다음에 나타난 IDLE 쉘 명령의 실행 결과는?

```
>>> fruits = "orange"
>>> print(fruits[1:3])
```

❶ or ❷ ra ❸ ran ❹ ora

◉ 퀴즈 정답은 82쪽에서 확인하세요.

2 문자열 연결 연산자 : +

문자열 연결 연산자 +를 이용하여 문자열을 연결하여 print()로 출력하는 방법을 공부해 봅시다.

IDLE Shell

```
>>> name = "홍지영"                         ❶
>>> print(name)
홍지영
>>> greet = "안녕하세요!"                    ❷
>>> print(greet)
안녕하세요!
>>> print(name + "님 " + greet)             ❸
홍지영님 안녕하세요!
```

❶ 변수 name에 문자열 '홍지영'을 저장하여 화면에 출력합니다.

❷ 변수 greet에는 '안녕하세요!'를 저장한 다음 화면에 출력합니다.

❸ 여기서 문자열들에 사용된 + 기호는 문자열을 연결하여 하나로 만드는 데 사용됩니다. 따라서 *name + '님 ' + greet* 은 *'홍지영님 안녕하세요!'*란 하나의 문자열을 나타냅니다.

연결 연산자가 문자열에 사용되는 서식은 다음과 같습니다.

서식

문자열 + 문자열 + 문자열 + ...

연결 연산자 +는 문자열들을 연결하는 것이기 때문에 ... + 숫자 + ... + 문자열 + ... 에서와 같이 숫자가 사용되면 오류가 발생하게 되니 주의 바랍니다.

다음은 이러한 오류가 발생되는 하나의 예입니다.

IDLE Shell

```
>>> age = 20
>>> print("나이 : " + age)                                    ①
Traceback (most recent call last):
  File "<pyshell#5>", line 1, in <module>
    print("나이 : " + age)
TypeError: can only concatenate str (not "int") to str
```

① '나이 : '는 문자열인데 반하여 변수 age는 20의 값을 가진 정수형 숫자이기 때문에 서로 데이터 형이 달라 + 연산을 할 수 없다는 오류 메시지입니다.

이 경우에는 다음에서와 같이 변수 age에 함수 str()을 이용하여 문자열로 변경해야 오류가 나지 않습니다.

IDLE Shell

```
>>> print("나이 : " + str(age))
나이 : 20
```

위에서 함수 str()은 괄호 안에 입력된 변수나 데이터를 문자열의 데이터 형으로 변환하는 데 사용됩니다. 따라서 str(age)는 20의 값을 가진 정수형 변수 age를 문자열인 '20'으로 변경합니다.

'나이: ' + str(age)는 두 개의 문자열이 하나로 연결되어 '나이 : 20'이 됩니다. 이것을 print() 함수를 이용하여 출력하면 문자열 '나이 : 20'이 화면에 나타납니다.

❗ 함수 str()은 파이썬에 내장된 내장 함수의 하나인데 내장함수에 대해서는 7장의 212쪽을 참고하기 바랍니다.

3 문자열 반복 연산자 : *

숫자의 곱셈에서 사용되는 기호 *가 문자열에 사용되면 문자열이 그 횟수만큼 반복됩니다. 다음 예제를 통하여 문자열 반복 연산자에 대해 알아 봅시다.

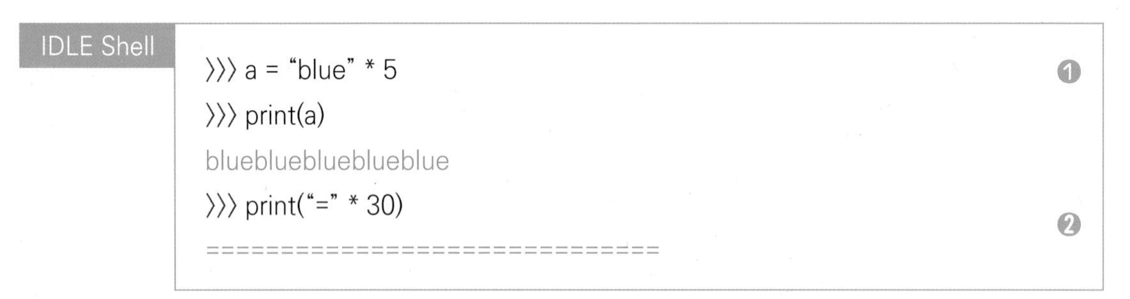

IDLE Shell

```
>>> a = "blue" * 5        ❶
>>> print(a)
blueblueblueblueblue
>>> print("=" * 30)       ❷
==============================
```

*"blue" * 5*는 문자열 'blue'가 5번 반복되어 문자열 'blueblueblueblueblue'의 값을 가집니다.

"=" * 30은 문자열 '='가 30번 반복되어 문자열 '=============================='가 됩니다.

반복 연산자 *가 문자열에 적용되는 서식은 다음과 같습니다.

서식

*문자열 * 반복회수*

*문자열*이 *반복회수*만큼 반복되어 하나의 문자열로 변환됩니다.

Quiz 2-4 문자열 연결 연산자와 반복 연산자

1. 다음의 파이썬 명령에서 사용된 연결 연산자 +에 사용된 변수의 형이 달라 오류가 발생한다. 변수 kor과 변수 score의 형은 각각 어떻게 되는가?

```
>>> kor = '국어 성적 : '
>>> score = 80
>>> string = kor + score
```

❶ 정수형, 문자열 ❷ 실수형, 정수형 ❸ 정수형, 실수형 ❹ 문자열, 정수형

2. 다음은 문자열 인덱스를 이용하여 특정 문자를 추출하는 예이다. 프로그램의 실행 결과는?

```
>>> date = '20191025'
>>> year = date[0:4]
>>> month = date[4:6]
>>> day = date[6:]
>>> date2 = year + '-' + month + '-' + day
>>> print(date2)
```

❶ 2019/10/25 ❷ 20191025 ❸ 2019 10 25 ❹ 2019-10-25

3. 다음 중 문자열을 반복하는 데 사용되는 연산자는?

❶ * ❷ // ❸ % ❹ +

◉ 퀴즈 정답은 82쪽에서 확인하세요.

4 문자열 길이 구하기 : len()

프로그래밍을 하다 보면 문자열의 길이를 알고 싶을 때가 종종 생기는데 이때 사용하는 것이 len() 함수입니다. 함수 len()을 이용하여 문자열의 길이를 구하는 방법을 알아 봅시다.

IDLE Shell

```
>>> message = "안녕하세요!"
>>> str_len = len(message)                ❶
>>> print("문자열의 길이 : "+ str(str_len))  ❷
문자열의 길이 : 6
```

❶ 함수 len()은 괄호 안에 있는 문자열의 길이를 구하는 데 사용합니다. 따라서 str_len = len(message)는 변수 message, 즉 '안녕하세요!' 의 길이인 6을 변수 str_len에 저장합니다.

❷ str(str_len)은 정수형 변수인 str_len을 str() 함수를 이용하여 문자열로 바꿉니다. 그리고 print() 함수와 연결 연산자 +를 이용하여 '문자열의 길이 : 6'을 화면에 출력합니다.

! 함수 len()은 str()과 마찬가지로 파이썬에 내장된 내장 함수입니다. 내장함수에 대해서는 7장의 201쪽을 참고하기 바랍니다.

Quiz 2-5 문자열 길이 구하는 len() 함수

1. 다음에 나타난 IDLE 쉘 명령의 실행 결과는?

```
>>> msg = "나는 행복합니다~~~"
>>> print(len(msg))
```

❶ 12 ❷ 18 ❸ 11 ❹ 10

2. 다음에 나타난 IDLE 쉘 명령의 실행 결과는?

```
>>> msg = "I am happy!"
>>> print(len(msg))
```

❶ 8 ❷ 9 ❸ 10 ❹ 11

◉ 퀴즈 정답은 82쪽에서 확인하세요.

5 문자열 포맷팅 : %

문자열 포맷팅(Formatting)은 % 기호를 이용하여 정해진 포맷에 맞는 문자열을 만들 때 사용합니다. 다음의 실습을 통하여 문자열 포맷팅에 대해 공부해 봅시다.

IDLE Shell

```
>>> color = "빨강"
>>> s = "나는 %s을 좋아합니다." % color        ❶
>>> print(s)
나는 빨강을 좋아합니다.
>>> color = "초록"
>>> s = "나는 %s을 좋아합니다." % color        ❷
>>> print(s)
나는 초록을 좋아합니다.
```

❶ *'나는 %s을 좋아합니다.' % color* 는 포맷 코드 %s의 위치에 변수 color의 값인 '빨강'이 들어가게 되어 문자열 '나는 빨강을 좋아합니다.'의 값을 가집니다.

❷ 앞 줄의 명령 *color = '초록'*에 의해 변수 color의 값이 '초록'이 됩니다. *'나는 %s을 좋아합니다.' % color* 는 문자열 '나는 초록을 좋아합니다.'가 됩니다.

문자열 포맷팅에서 자주 사용되는 문자 코드에 대해 표로 정리해 볼까요?

표 2-2. 문자열 포맷팅 코드

코드	설명
%s	s는 'string'의 첫 글자로서 문자열을 의미합니다.
%d	d는 'digit'의 첫 글자로 정수형 숫자를 의미합니다.
%f	f는 'floating point'의 첫 글자로서 실수형 숫자를 의미합니다.

자 그럼 위의 포맷팅 코드가 실제로 어떻게 사용되는지 살펴봅시다.

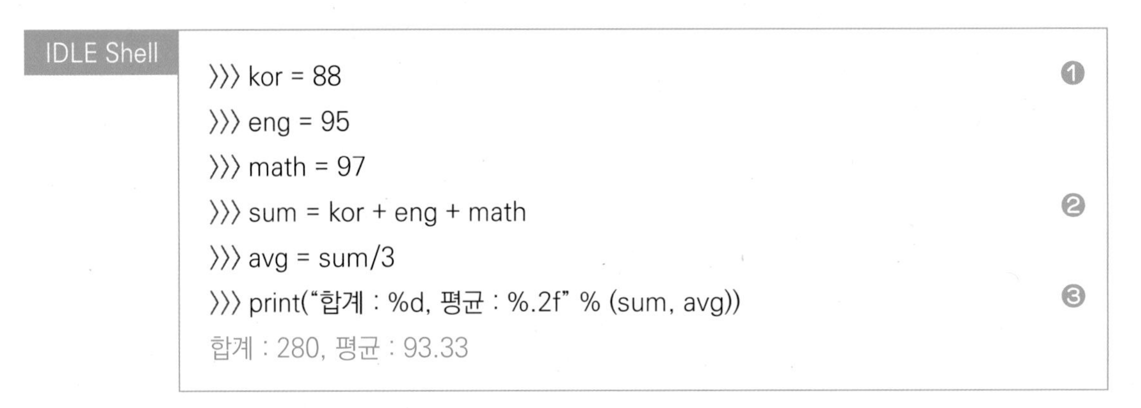

IDLE Shell

```
>>> kor = 88                                        ❶
>>> eng = 95
>>> math = 97
>>> sum = kor + eng + math                          ❷
>>> avg = sum/3
>>> print("합계 : %d, 평균 : %.2f" % (sum, avg))     ❸
합계 : 280, 평균 : 93.33
```

❶ 국어, 영어, 수학 성적에 해당되는 변수 kor, eng, math에 각각의 점수를 입력합니다.

❷ 합계를 나타내는 변수 sum에는 세 과목의 합계, 평균 avg에는 세 과목의 평균 값을 저장합니다.

❸ 문자 코드 %d에는 정수형 변수 sum의 값, %.2f에는 실수형 변수 avg의 값이 대입되어 함수 print()에 의해 화면에 그 결과가 출력됩니다. %.2f에서 .2는 화면에 표시되는 소수점 이하의 자리수가 두 자리라는 것을 의미합니다.

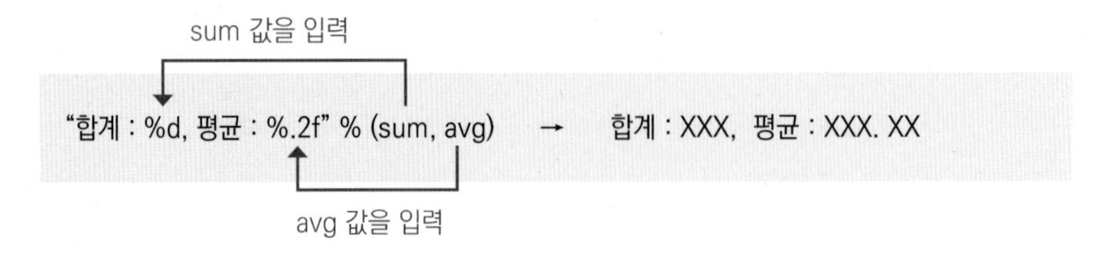

Quiz 2-6 문자열 포맷팅

1. 문자열 포맷팅에서 사용되는 문자 코드 중 정수형 숫자를 의미하는 것은?

❶ %d ❷ %f ❸ %s ❹ %v

2. 다음의 문자열 포맷팅 기호 중 실수형 숫자를 소수점 셋째 자리까지 출력하는 데 사용되는 것은?

❶ %3d ❷ %.3s ❸ %.3f ❹ %3s

◉ 퀴즈 정답은 82쪽에서 확인하세요.

Section 02-4

입력과 출력

프로그래밍을 하다 보면 컴퓨터 키보드로 값을 입력 받아 변수에 저장하고 싶을 때가 종종 있습니다. 이 때 사용하는 것이 input() 함수입니다. 그리고 앞에서 배웠듯이 print() 함수는 변수나 데이터를 화면에 출력할 때 사용합니다.

이번 절에서는 이 input() 함수와 print() 함수의 사용법에 대해 공부합니다.

1 키보드로 입력받기 : input()

먼저 input() 함수를 이용하여 키보드로 데이터를 입력 받는 방법에 대해 알아 봅시다.

IDLE Shell

```
>>> person = input("이름을 입력하세요: ")    ❶
이름을 입력하세요:
```

❶ 화면에 '이름을 입력하세요: '란 메시지를 출력 후 사용자가 키보드로 데이터를 입력하길 기다립니다. 키보드로 본인의 이름을 입력하고 엔터 키를 칩니다.

여기서는 '강지영'을 입력하였을 경우를 예로 설명합니다.

```
이름을 입력하세요: 강지영
```

그러면 키보드로 입력한 이름 '강지영'이 변수 person에 저장됩니다.

자 이제 다음과 같이 변수 person을 출력해 봅시다.

IDLE Shell

```
>>> print(person + "님 " + "안녕하세요~~~")      ❶
강지영님 안녕하세요~~~
```

print() 함수에 의해 '강지영님 안녕하세요~~~'가 출력됩니다.

이번에는 키보드로 숫자를 입력받는 다음의 예를 살펴봅시다.

IDLE Shell

```
>>> a = input('첫 번째 정수를 입력하세요: ')      ❶
첫 번째 정수를 입력하세요: 36
>>> b = input('두 번째 정수를 입력하세요: ')      ❷
두 번째 정수를 입력하세요: 24
>>> c = a + b                                  ❸
>>> print(c)
3624
```

❶ 키보드로 첫 번째 정수를 입력 받아 변수 a에 저장합니다.

❷ 키보드로 두 번째 정수를 입력 받아 변수 b에 저장합니다.

❸ 변수 a와 변수 b를 더해서 변수 c에서 저장하여 화면에 출력합니다. 그 결과가 3624가 되었습니다.

그런데 결과가 좀 이상하지 않습니까? 원래대로 하면 36 + 24의 결과인 60이 출력되어야 하는 데 입력된 두 수가 붙어서 3624란 결과가 얻어졌습니다.

ⓘ 키보드로 입력하는 값은 모두 문자열로 처리된다는 점을 유의하기 바랍니다.

❶에서 입력 받은 변수 a의 값은 정수인 36이 아니라 문자열 '36'이 되고, 마찬가지로 ❷에서 입력 받은 변수 b의 값은 문자열 '24'가 됩니다. 따라서 ❸의 변수 c의 값은 '36' + '24'가 되어 그 결과가 '3624'가 되는 것입니다.

TIP 36 vs. '36'

36

*정수형 숫자 36*은 컴퓨터에서 *십진수 36이 이진수로 표현되어 100100*와 같은 값을 가집니다.

'36'

*문자열 '36'은 '3'에 대한 이진 코드 00110011과 '6'에 대한 이진 코드 00110110이 연결*된 값인 0011001100110110와 같은 값을 가집니다.

따라서 컴퓨터에서 36과 '36'은 전혀 다른 값을 나타냅니다.

---

❶에서와 같이 키보드로 입력 받은 값을 문자열이 아닌 정수로 처리하려면 ❸의 문장은 다음과 같이 변경되어야 합니다.

IDLE Shell

```
>>> c = int(a) + int(b)        ❶
>>> print(c)
60
```

❶ int(a)는 문자열인 변수 a를 정수형으로 변환하고 같은 맥락에서 int(b)는 문자열 변수 b를 정수형으로 변환합니다. 변수 c는 36 + 24의 결과인 60이 됩니다.

int() 함수의 사용 서식은 다음과 같습니다.

서식

```
int(문자열)
```

함수 int()는 *문자열*의 데이터를 정수형의 숫자로 변환합니다.

TIP 데이터 형 변환 함수

int()

함수 int()는 실수(Floating point)나 문자열(String)을 *정수형 숫자로 변환*합니다.

float()

함수 float()는 정수나 문자열을 *실수형으로 변환*하는 데 사용합니다.

str()

함수 str()은 정수형이나 실수형 숫자를 *문자열로 변환*하는 데 사용합니다.

Quiz 2-7 키보드 입력받기

1. 다음에 나타난 IDLE 쉘 명령의 실행 결과는?

```
>>> a = input("첫 번째 정수를 입력하세요: ")
첫 번째 정수를 입력하세요: 22
>>> b = input("두 번째 정수를 입력하세요: ")
두 번째 정수를 입력하세요: 33
>>> c = a + b
>>> print(c)
```

❶ 3322 ❷ 55 ❸ 22 33 ❹ 2233

2. 다음에 나타난 IDLE 쉘 명령의 실행 결과는?

```
>>> a = input("첫 번째 정수를 입력하세요: ")
첫 번째 정수를 입력하세요: 55
>>> b = input("두 번째 정수를 입력하세요: ")
두 번째 정수를 입력하세요: 60
>>> c = int(a) + int(b)
>>> print(c)
```

❶ 오류가 발생한다 ❷ 115 ❸ 5560 ❹ 6650

◉ 퀴즈 정답은 82쪽에서 확인하세요.

2 화면에 출력하기 : print()

앞에서 배운 바와 같이 파이썬에서 컴퓨터 화면에 결과를 출력할 때에는 print() 함수를 사용합니다. print() 함수를 사용하는 방법은 크게 다음의 네 가지로 나누어 볼 수 있습니다.

(1) print() 함수의 기본

(2) sep 이용

(3) 문자열 연결 연산자 + 이용

(4) 문자열 포맷 코드 % 이용

1 print() 함수의 기본

print() 함수의 가장 기본적인 사용 방법은 괄호 안에 출력을 원하는 변수나 값을 넣는 것입니다.

IDLE Shell

```
>>> a = 10
>>> print(a)                    ❶
10
>>> b = 20
>>> print(a + b)                ❷
30
>>> print(a + 10, b + 10)       ❸
20 30
>>> print(a, b, a - b, 100)     ❹
10 20 -10 100
```

❶ 변수 a의 값을 출력합니다.

❷ *a + b*의 결과를 출력합니다. 이와 같이 print() 함수에 직접 수식을 입력할 수도 있습니다.

❸ *a + 10*과 *b + 10*의 결과를 출력합니다.

❹ 변수 a와 변수 b, 수식 a −b, 값 100 을 화면에 출력합니다. print() 함수를 이용하여 여러 항목을 출력하고자 할 때에는 각 항목 사이에 콤마(,)를 삽입합니다.

❗ ❸과 ❹에 나타난 것과 같이 print() 함수 사용 시 콤마를 이용하면 각 항목 사이에 하나의 공백(" ")이 자동으로 삽입됩니다.

print() 함수의 사용 서식은 다음과 같습니다.

서식

```
print(..., 변수, ...., 수식, ...., 값, .... )
```

print() 함수는 기본적으로 변수, 수식, 그리고 값을 출력할 수 있으며 각 항목은 콤마(,)로 구분 짓습니다.

2 sep 이용

다음 예제에서는 키워드 sep을 이용하여 '년/월/일'의 형태로 화면에 출력합니다.

IDLE Shell

```
>>> year = 2020
>>> month = 12
>>> day = 15
>>> print(year, month, day, sep="/")        ❶
2020/12/15
```

❶ print() 함수의 마지막에 사용된 키워드 sep은 'seperator'의 약어로서 각 항목 사이에 삽입할 문자열을 지정하는 데 사용됩니다. 여기서는 '/'가 사용되었기 때문에 '2020/12/15'의 형태로 출력됩니다.

휴대폰 번호 각각을 변수에 저장한 다음 번호들 사이에 하이픈(-)을 삽입하는 다음의 예를 살펴봅시다.

IDLE Shell

```
>>> hp1 = "010"
>>> hp2 = "1234"
>>> hp3 = "5678"
>>> print(hp1, hp2, hp3, sep="-")          ❶
010-1234-5678
```

❶ 키워드 sep에 하이픈('-')이 사용되었기 때문에 각 항목들 사이에 '-'이 삽입되어 화면에 출력됩니다.

만약 항목들 사이에 공백 없이 붙여서 출력하려면 어떻게 해야 할까요?

IDLE Shell

```
>>> price = 1000
>>> print(price, "원")                      ❶
1000 원   ← 공백
>>> print(price, "원", sep="")              ❷
1000원
```

❶ 앞에서 설명한 것과 같이 print() 함수의 입력되는 항목들을 구분하기 위해 사용한 콤마(,)는 자동으로 항목들 간에 하나의 공백을 삽입합니다.

❷ 변수 price의 값 1000과 문자열 '원' 사이에 공백 없이 붙여서 출력하려면 키워드 sep의 값을 "", 즉 널(NULL)로 하면 됩니다.

TIP 널(NULL)이란?

컴퓨터에 NULL은 값이 없는 것을 의미하여 따옴표 사이에 아무것도 집어 넣지 않는 표기, 즉 ""와 같이 사용합니다.

0은 정수의 0 값을 의미하기 때문에 NULL과 다르며 " "은 따옴표(") 사이에 하나의 공백 문자가 들어가 있기 때문에 공백을 의미하는 것으로서 이 또한 NULL과는 다른것 입니다.

❸ 연결 연산자 + 이용

다음 예제에서는 print() 함수와 문자열 연결 연산자인 +를 이용하여 데이터를 화면에 출력합니다.

IDLE Shell

```
>>> name = input("이름을 입력하세요: ")        ❶
이름을 입력하세요: 홍소영
>>> age = input("나이를 입력하세요: ")         ❷
나이를 입력하세요: 23
>>> print(name + "님의 나이는 " + age + "세 입니다.")   ❸
홍소영님의 나이는 23세 입니다.
```

❶ 이름을 입력 받아 변수 name에 저장합니다. 변수 name의 형은 문자열입니다.

❷ 나이를 입력 받아 변수 age에 저장합니다. 이 때 키보드로 입력한 숫자 23은 '23'의 형태로 변수 age에 저장됩니다. 따라서 변수 age는 문자열로 처리됩니다.

(!) 앞의 67쪽에서 설명한 것과 같이 키보드로 입력하는 값은 모두 문자열로 처리 된다는 점을 꼭 기억하기 바랍니다.

❸ 연결 연산자 +는 문자열들을 서로 연결하여 하나로 만듭니다. 이 때 주의 할 점은 *+ 연산자에 사용되는 항목들이 모두 문자열이어야 한다*는 것입니다. ❸에서 사용된 name, '님의 나이는', age, '세 입니다.' 등은 모두 문자열이기 때문에 오류 없이 올바른 결과가 출력되었습니다.

4 문자열 포맷팅 코드 % 이용

문자열 포맷팅 코드 %를 print() 함수에 이용하면 편리하게 문자열을 원하는 포맷대로 출력할 수 있습니다.

IDLE Shell

```
>>> a = 77
>>> b = '자전거'
>>> c = 3.3737737
>>> d = 90
>>> print('%d, %s, %.2f, %d%%, %6s, %5d' % (a, b, c, d, b, a))    ①
77, 자전거, 3.37, 90%,    자전거,    77
```

① 앞의 64쪽(표 2-2)에서 배운 문자열 포맷팅의 코드 %에서 배운 것과 같이 포맷팅 코드 %d는 정수, %s는 문자열, %f는 실수형 데이터를 나타내는 데 사용됩니다.

①에서 사용된 포맷팅 코드를 표로 정리하면 다음과 같습니다.

표 2-3. 문자열 포맷팅 코드의 예

코드	설명
%d	정수형 숫자
%s	문자열
%.2f	실수형 숫자, .2는 소수점 둘째 자리까지 나타냄
%%	% 기호 자체를 나타내는 데 사용함
%6s	6자리의 문자열
%5d	5자리의 정수형 숫자

Quiz 2-8 print() 함수로 출력하기

1. print() 함수를 이용하여 변수 값 출력 시 각 필드를 구분할 때 사용하는 키워드는?

❶ div ❷ src ❸ split ❹ sep

2. 다음에 나타난 IDLE 쉘 명령의 실행 결과는?

```
>>> hp1 = '010'
>>> hp2 = '1234'
>>> hp3 = '5678'
>>> print(hp1, hp2, hp3, sep='-')
```

❶ 010/1234/5678 ❷ 01012345678

❸ 010 1234 5678 ❹ 010-1234-5678

3. 다음은 IDLE 쉘에서 국어, 영어, 수학 세 과목의 성적을 입력 받아 합계와 평균을 구하는 예이다. 밑줄 친 곳에 들어갈 내용은?

```
>>> kor = input('국어 성적을 입력하세요: ')
국어 성적을 입력하세요: 90
>>> eng = input('영어 성적을 입력하세요: ')
영어 성적을 입력하세요: 80
>>> math = input('수학 성적을 입력하세요: ')
수학 성적을 입력하세요: 100
>>> sum = (1)__________(kor) + (1)__________(eng) + (1)__________(math)
>>> (2)_____________ = sum / 3
>>> print('합계 : (3)__________, 평균 : %.2f' % (sum, avg))
합계 : 270, 평균 : 90.00
```

❶ int, float, sum ❷ float, avg, sum ❸ int, avg, %d ❹ int, sum, %s

◉ 퀴즈 정답은 82쪽에서 확인하세요.

Section 02-5 프로그래밍 맛보기

앞 2.4절까지의 실습에서는 IDLE 쉘에서 파이썬 명령을 직접 입력해서 실습을 진행해 왔습니다. 이번 절 부터는 IDLE 에디터에서 프로그램을 작성한 다음 파일에 저장하고 저장된 파일을 실행하는 연습을 해보겠습니다.

IDLE 에디터를 이용하여 파일에 프로그램을 작성하고 실행하는 방법에 대한 자세한 설명은 1장의 01-4절을 참고해 주세요.

IDLE 에디터를 이용하여 국어와 영어 두 과목 성적의 합계와 평균을 구하는 프로그램을 작성하는 방법을 익혀봅시다.

먼저 프로그램을 작성하기 위해 다음 그림에서와 같이 IDLE 에디터를 엽니다.

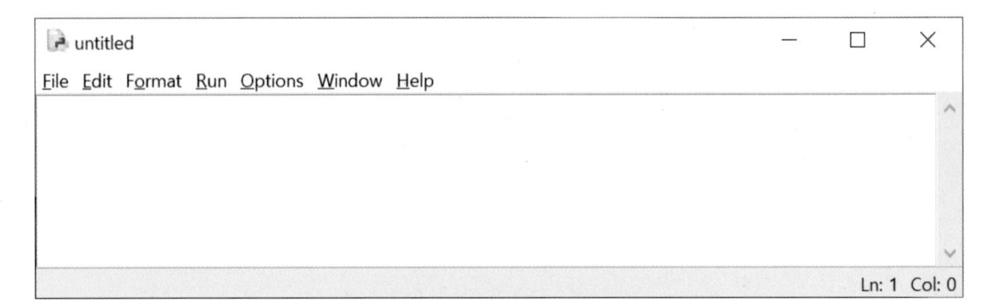

그림 2-2 IDLE 에디터 화면

위 그림 2-2의 IDLE 에디터에서 다음의 내용을 키보드로 입력한 다음 실습 폴더(예 : C:\파이썬실습)에 avg.py로 저장합니다.

```
kor = 80
eng = 90

sum = kor + eng
avg = sum/2

print("합계 :", sum)
print("평균 :", avg )
```

그러면 다음 그림에서와 같이 IDLE 화면 상단에 파일이 저장된 폴더와 파일명 나타납니다.

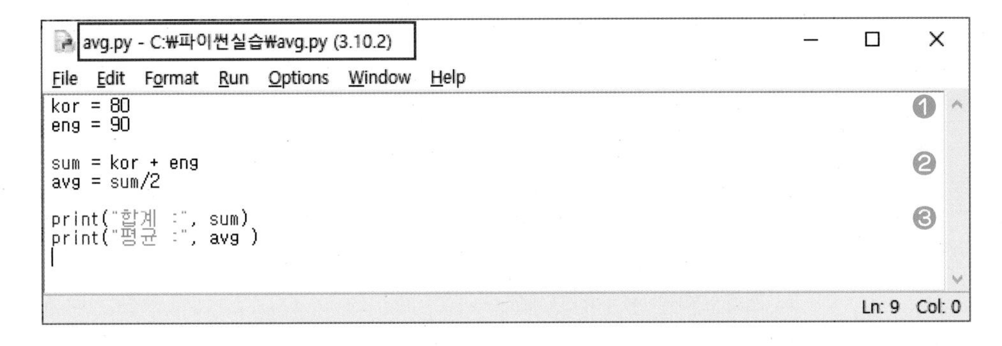

그림 2-3 IDLE 에디터에서 프로그램 작성과 파일 저장

❶ 변수 kor에 80을 저장하고, 변수 eng에는 90을 저장합니다.

❷ kor(값:80)과 eng(값:90)을 더한 다음 그 결과를 sum에 저장합니다.

❸ sum을 2로 나눈 평균 값을 avg에 저장합니다.

다음 그림 2-4의 실행 결과에 나타난 것과 같이 합계와 평균을 화면에 출력합니다.

위 그림 2-3의 IDLE 에디터 화면에서 F5 키를 눌러 프로그램을 실행하면 다음과 같이 IDLE 쉘 화면에 그 결과가 출력됩니다.

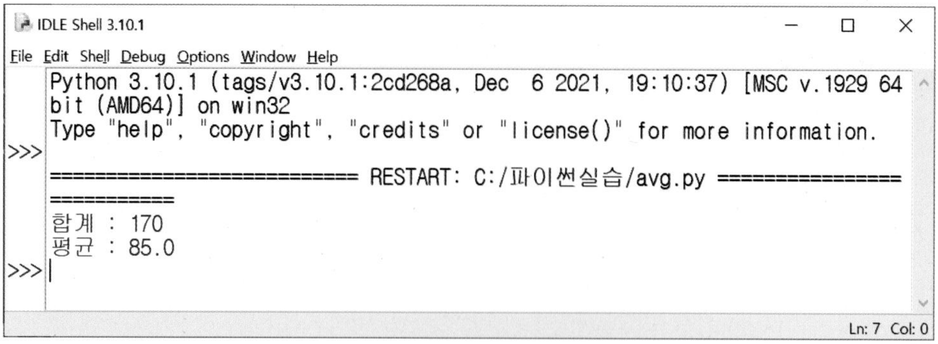

```
Python 3.10.1 (tags/v3.10.1:2cd268a, Dec  6 2021, 19:10:37) [MSC v.1929 64 bit (AMD64)] on win32
Type "help", "copyright", "credits" or "license()" for more information.
>>>
========================= RESTART: C:/파이썬실습/avg.py ===============
===========
합계 : 170
평균 : 85.0
>>>
```

그림 2-4 avg.py의 실행 결과

코딩미션
M-00001

별표(*)로 화면에 'V'자 찍기

Mission

다음은 별표(*)를 이용하여 화면에 'V'자를 출력하는 프로그램입니다. 빈 박스 안을 채워서 프로그램을 완성해 보세요.

실행결과

```
*       *
 *     *
  *   *
   * *
    *
```

```
print("*       *")
[          ]
print("  *   *")
[          ]
print("    *")
```

정답은 코딩스쿨(http://codingschool.info)에서 볼 수 있습니다.

코딩미션
M-00002

사각형 둘레와 넓이 계산하기

Mission

다음은 사각형의 가로와 세로 길이를 입력 받아 사각형 둘레의 길이와 넓이를 구하는 프로그램입니다. 빈 박스 안을 채워서 프로그램을 완성해 보세요.

실행결과

```
사각형의 가로 길이를 입력하세요 : 5
사각형의 세로 길이를 입력하세요 : 8
사각형의 가로 길이: 5 cm
사각형의 세로 길이 : 8 cm
둘레 길이 : 26 cm
면적 : 40 cm2
```

```
width  = int(input("사각형의 가로 길이를 입력하세요 : "))
height = [              ]

length = 2 * width + 2 * height
area = [        ]

print("사각형의 가로 길이: %d cm" % width)
print("사각형의 세로 길이 : %d cm" % height)
print("둘레 길이 : %d cm" % length)
print([              ])
```

정답은 코딩스쿨(http://codingschool.info)에서 볼 수 있습니다.

코딩미션
M-00003

원의 둘레와 면적 구하기

Mission

키보드로 반지름을 입력 받아 원의 둘레와 면적을 구하는 프로그램을 작성하시오.

실행결과

반지름을 입력하세요 : 5
반지름 : 5 cm
원의 둘레 : 31.40 cm
원의 면적 : 78.50 cm2

코딩미션
M-00004

인치를 센티미터로 변환하기

Mission

키보드로 인치(inch)를 입력 받아 센티미터(cm)로 변환하는 프로그램을 작성하시오.

힌트 : cm = inch x 2.54

실행결과

인치를 입력하세요 : 4
4 inch =〉 10.16 cm

정답은 코딩스쿨(http://codingschool.info)에서 볼 수 있습니다.

Section 02-6 주석문

주석문(Comment)은 프로그램을 짤 때 프로그램의 작성자, 작성한 날짜, 프로그램의 기능, 코드에 대한 주석, 즉 설명 글을 다는 데 사용되는 문장을 말합니다.

이번 절에서는 프로그램에서 주석문이 적용되는 예를 통해 주석문의 사용법에 대해 알아봅니다.

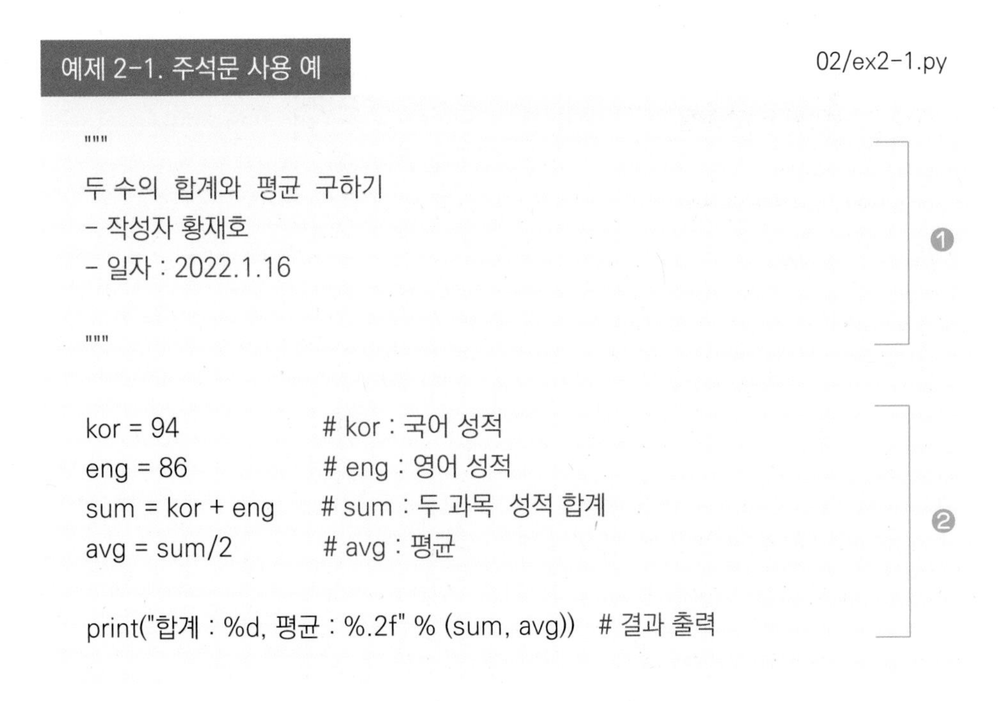

예제 2-1. 주석문 사용 예 02/ex2-1.py

```
"""
두 수의 합계와 평균 구하기
- 작성자 황재호
- 일자 : 2022.1.16

"""

kor = 94               # kor : 국어 성적
eng = 86               # eng : 영어 성적
sum = kor + eng        # sum : 두 과목 성적 합계
avg = sum/2            # avg : 평균

print("합계 : %d, 평균 : %.2f" % (sum, avg))   # 결과 출력
```

❶ ❷

실행결과

```
합계 : 180, 평균 : 90.00
```

❶ """와 """ 사이에 있는 내용은 프로그램의 제목, 작성자, 작성일을 나타내는 설명 글입니다. 이와 같이 여러 줄을 주석 처리할 때에는 설명 글 시작과 끝에 각각 """을 붙입니다.

❷ # 뒤에 있는 내용은 각 줄의 코드를 설명하고 있습니다. 이와 같이 한 줄의 주석 처리에는 #이 사용됩니다.

파이썬 파서(Parser), 즉 파이썬 해석기는 주석 처리된 부분은 무시하기 때문에 실행 결과에 전혀 영향을 미치지 않습니다.

위 예제에서 사용된 파이썬의 두 가지 주석문을 표로 정리하면 다음과 같습니다.

표 2-4. 파이썬의 주석문

주석 기호	설명
#	한 줄 주석 처리
""", """	여러 줄 주석 처리

퀴즈 2-1 정답 : 1. ❸ 2. ❹
퀴즈 2-2 정답 : 1. ❷ 2. ❶ 3. ❶ 4. ❹ 5. ❹
퀴즈 2-3 정답 : 1. ❷ 2. ❹ 3. ❷
퀴즈 2-4 정답 : 1. ❹ 2. ❹ 3. ❶
퀴즈 2-5 정답 : 1. ❸ 2. ❹
퀴즈 2-6 정답 : 1. ❶ 2. ❸
퀴즈 2-7 정답 : 1. ❹ 2. ❷
퀴즈 2-8 정답 : 1. ❹ 2. ❹ 3. ❸

코딩미션
M-00005

온라인 서점 책 결제 금액 계산하기

Mission

다음은 온라인 서점의 책 결제 금액을 계산하는 프로그램입니다. 빈 박스 안을 채워서 프로그램을 완성해 보세요.

✔ 힌트 : 결제 금액 = 책 값 - (책 값 x할인율(15%)) + 배송료(2500원)

실행결과

```
책 정가를 입력하세요 : 10000
결제 금액 : 11000원
```

```
"""
책 결제 금액 계산하기
결제 금액 = 책 값 - (책 값 x 할인율) + 배송료(2500원)
"""
discount = 0.15          # 할인율 15%
shipping = 2500

book_price = int(input("책 정가를 입력하세요 : "))

total_price = [                    ]

print([                    ])
```

정답은 코딩스쿨(http://codingschool.info)에서 볼 수 있습니다.

연습문제 2장. 파이썬의 기본 문법

Q2-1. 다음은 키보드로 이름과 탄생년을 입력 받아 나이를 계산하는 프로그램입니다. 빈 칸을 채워 보세요.

실행결과

```
당신의 이름은? 홍지수
당신의 태어난 해는? 2000
홍지수님의 나이는 18세 입니다.
```

```
name = input("당신의 이름은? ")
birth = int(input("당신의 태어난 해는? "))

age = 2018 - (1)____________;
print(name + "님의 나이는 " + (2)___________ + "세 입니다.")
```

Q2-2. 다음은 키보드로 년월일을 입력 받아 화면에 출력하는 프로그램입니다. 빈 칸을 채워 보세요.

실행결과

```
년 : 2022
월 : 03
일 : 20
2022-03-20
```

```
year = input("년 : ")
month = input("월 : ")
(1)______ = input("일 : ")

print(year, month, day, (2)________ = "-")
```

Q2-3. 다음은 키보드로 물건가격, 구매개수, 지불금액 등을 입력 받아 거스름돈을 계산하는 프로그램입니다. 빈 칸을 채워 보세요.

```
실행결과
물건 가격 : 1500
구매 개수 : 4
지불 금액 : 10000
- 거스름 돈 : 4000
```

```
price = int(input("물건 가격 : "))
num = int(input("구매 개수 : "))
(1)____________ = int(input("지불 금액 : "))

change = pay - price * num

print("- 거스름 돈 : (2)____________ " % (3)____________)
```

연습문제 정답은 책 뒤 부록에 있어요.

03

Chapter 03
조건문

3장에서는

해당 조건에 따라 다른 코드를 실행하게 하는 조건문에 대해 공부합니다. 예를 들어 '만약 점수가 80점 이상이면 합격이고 80점 미만이면 불합격이다', '만약 나이가 65세 이상일 경우에는 입장료가 무료이다' 등에서와 같이 '만약 ~하면 ~ 하다'와 같은 상황에서 사용하는 것이 조건문입니다. 이번 장을 통해 파이썬의 조건문을 이해하고 활용하는 방법을 익혀 봅시다.

Section 03-1

조건문이란?

파이썬의 조건문인 if문은 조건식의 참 또는 거짓에 따라 실행되는 코드가 달라 질 때 사용합니다. 예를 들어 어떤 수가 양수인지 아닌지를 판단하여 화면에 결과를 출력하는 다음의 프로그램을 살펴봅시다.

```
   if x > 0 :
❶      print('양수이다.')
   else :
❷      print('양수가 아니다.')
```

if 다음에 있는 조건식 x > 0 이 참이면(변수 x가 0보다 큰 값을 가지면), ❶의 문장에 의해 '양수이다.'를 출력하고, 그렇지 않고 조건식이 거짓이면 else 다음에 있는 ❷의 문장에 의해 '양수가 아니다.'란 메시지를 출력합니다.

달리 말하면 if문에서는 조건식이 참이면 ❶의 문장이 수행되고, 조건식이 거짓이면 ❷의 문장이 수행됩니다.

1 윈도우 탐색기에서 소스 파일 열기

❗ 책의 실습에서 사용되는 프로그램 소스(source.zip)는 코딩스쿨(또는 인포앤북) 홈페이지에서 다운로드 받으실 수 있습니다. 책의 설명은 source 폴더가 C: 드라이브에 복사되어 있다는 가정 하에 진행합니다.

다음 그림에서와 같이 윈도우 탐색기를 연 다음 03 폴더로 이동합니다.

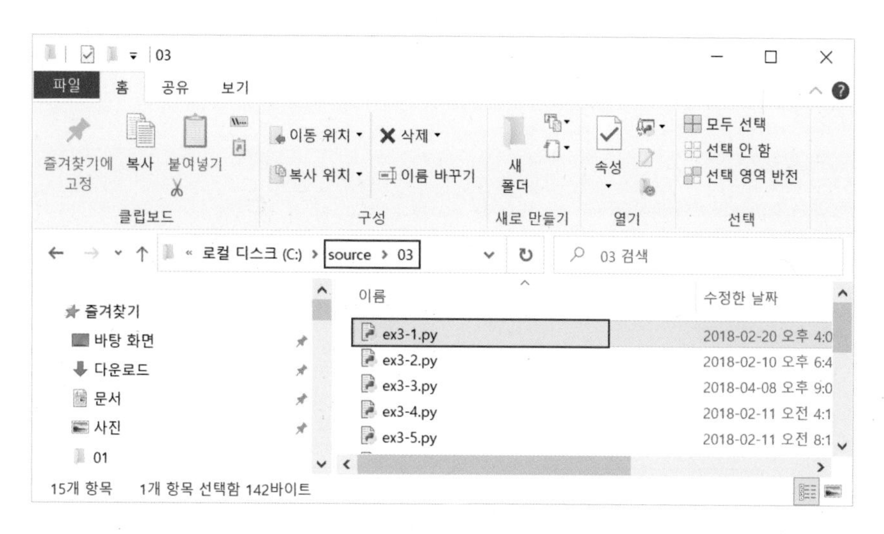

그림 3-1 윈도우 탐색기 화면

위 그림 3-1에서 ex3-1.py 파일 위에 마우스 커서를 갖다 댄 다음 우측 마우스 버튼을 누르고 *Edit with IDLE 〉 Edit with IDLE 3.10(64 bit)*를 선택합니다. 그러면 다음과 같은 IDLE 에디터 화면이 나옵니다.

```
ex3-1.py - C:₩source₩03₩ex3-1.py (3.10.1)
File Edit Format Run Options Window Help
x = int(input("정수를 입력하세요: "))

if x > 0 :
└──┘print("양수이다.")
else :
└──┘print("양수가 아니다.")

Ln: 8 Col: 0
```

그림 3-2 IDLE 에디터에서 ex3-1.py 열기

※ └──┘ : 키보드 탭(Tab) 키에 의한 들여쓰기

위의 그림 3-2에서와 같이 파이썬의 if문에서는 프로그램 작성 시 *if x 〉 0 :* 의 다음 줄과 *else :* 의 다음 줄에는 반드시 들여쓰기를 해야 합니다. 들여쓰기는 일반적으로 키보드의 (Tab) 키를 사용합니다.

❗ 파이썬의 if문에서는 위에서와 같이 반드시 들여쓰기가 되어 있어야 합니다. 들여쓰기가 제대로 되어 있지 않으면 프로그램 실행 시 오류가 발생하니 유의하기 바랍니다.

2 프로그램 실행하기

위 그림 3-2의 IDLE 에디터 화면에서 *F5* 키를 눌러 프로그램을 실행합니다. 그러면 IDLE 쉘에 있는 파이썬 해석기가 ex3-1.py 프로그램 파일을 해석한 다음 그 결과를 다음 그림에서와 같이 IDLE 쉘에 출력합니다.

```
IDLE Shell 3.10.1
File Edit Shell Debug Options Window Help
Python 3.10.1 (tags/v3.10.1:2cd268a, Dec  6 2021, 19:10:37) [MSC v.1929 64 bit (AMD64)] on win32
Type "help", "copyright", "credits" or "license()" for more information.
>>>
======================== RESTART: C:\source\03\ex3-1.py ========================
정수를 입력하세요: 5
양수이다.
>>>
Ln: 7 Col: 0
```

그림 3-3 ex3-1.py의 실행 결과(양수가 입력된 경우)

위 그림 3-3에서와 같이 입력 값으로 양수가 입력되면 '양수이다.'가 화면에 출력됩니다. 만약 다음 그림에서와 같이 음수 값이 입력되면 '양수가 아니다.'란 메시지가 화면에 출력됩니다.

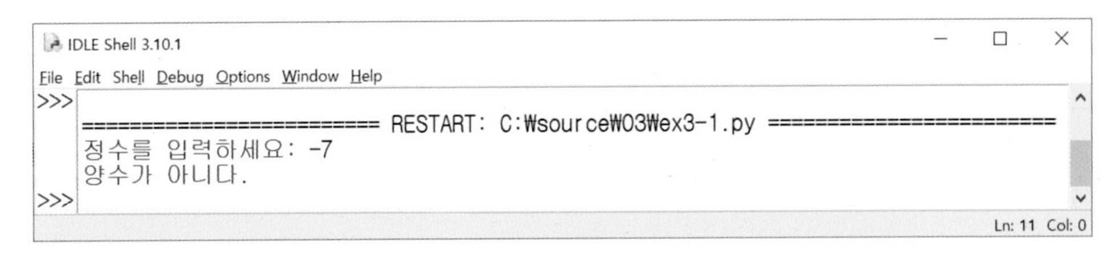

그림 3-4 ex3-1.py의 실행 결과(음수가 입력된 경우)

이번에는 ex3-1.py에서 사용된 if~ else~ 구문의 동작 원리를 파악하기 위해 프로그램 소스를 살펴봅시다.

예제 3-1. if~ else~ 구문으로 양수 판별하기 03/ex3-1.py

```
    x = int(input("정수를 입력하세요: "))

❶  if x > 0 :
        print("양수이다.")
❷  else :
        print("양수가 아니다.")
```

❶ if의 조건식 *x > 0* 이 참이면, *if x > 0 :* 다음 줄에 있는 문장이 실행되어 '양수이다.'를 화면에 출력합니다.

❷ 만약 ❶의 조건식이 거짓이면, *else :* 다음 줄에 있는 문장에 의해 '양수가 아니다.'가 출력됩니다.

위의 예제에서와 같이 조건문은 조건식의 참 또는 거짓에 따라 실행되는 문장을 달리할 때 사용됩니다.

3 if문의 세 가지 구문

파이썬에는 세 가지 유형의 if문이 존재하는데 이를 표로 정리하면 다음과 같습니다.

표 3-1. 숫자 연산자

구문	사용 형태	책의 설명
(1) if ~ 구문	만약 이 조건을 만족하면 ~ 해라!	03-3절
(2) if ~ else ~ 구문	만약 이 조건을 만족하면 ~ 하고, 그렇지 않으면 ~ 해라!	03-4절
(3) if ~ elif ~ else ~ 구문	만약 조건1을 만족하면 ~ 하고, 조건2를 만족하면 ~하고, …., 그렇지 않으면 ~ 해라!	03-5절

표 3-1의 세 가지 if문의 조건식에서 사용되는 비교 연산자와 논리 연산자에 대해서는 바로 다음 절인 03-2절에서 설명합니다.

그리고 표 3-1의 if ~ 구문, if ~ else 구문, if~ elif~ else~ 구문에 대해서는 각각 03-3절, 03-4절, 03-5절에서 자세히 설명합니다.

프로그램에서 조건문을 사용할 때는 주어진 상황에 따라 세 가지 구문 중의 한 가지를 사용하고 경우에 따라서는 이 구문들을 중첩해서 사용하기도 합니다. if문을 중첩해서 사용하는 방법에 대해서는 03-6절에서 학습합니다.

Section
03-2

비교 연산자와 논리 연산자

조건문이나 4장에서 배우는 반복문의 조건식에서는 조건식의 참(True)과 거짓(False)을 판별하는 데 비교 연산자와 논리 연산자가 사용됩니다.

■ 비교 연산자(〉, 〈, ==, !=, 〈=, 〉= 등의 연산자) : 두 개의 데이터 값을 비교

■ 논리 연산자(and, or, not) : 하나 또는 다수의 조건에 대한 논리적 판단

이번 절에서는 비교 연산자와 논리 연산자의 종류에 대해 알아보고 사용법을 익힙니다.

1 비교 연산자

표 3-2. 비교 연산자

비교 연산자	설명
a 〉 b	a는 b보다 크다
a 〈 b	a는 b보다 작다
a == b	a와 b는 같다
a != b	a와 b는 같지 않다
a 〉= b	a는 b보다 크거나 같다
a 〈= b	a는 b보다 작거나 같다

위 표 3-2의 비교 연산자는 변수, 숫자, 문자열 등을 서로 비교하여 참(True) 또는 거짓(False) 값을 구하는 데 사용됩니다.

IDLE 쉘에서 숫자에 비교 연산자를 사용한 다음 명령들을 실행해 봅시다.

IDLE Shell

```
>>> 3 == 3          ❶
True
>>> 8 >= 3          ❷
True
>>> 8 < 3           ❸
False
```

❶ '3은 3과 같다'의 결과는 참(True)이 됩니다.

❷ '8은 3보다 크거나 같다'의 결과는 참입니다.

❸ '8은 3보다 작다'는 거짓(False)이 됩니다.

이번에는 변수와 숫자에 비교 연산자가 사용된 예를 살펴 봅시다.

IDLE Shell

```
>>> a = 5           ❶
>>> b = 2
>>> a > b           ❷
True
>>> a == b          ❸
False
>>> a % 2 == 0      ❹
False
```

❶ 변수 a에 5를 저장하고 변수 b에는 2를 저장합니다.

❷ a(값 : 5)는 b(값 : 2)보다 크기 때문에 *a > b*의 결과는 참이 됩니다.

❸ a와 b는 같지 않기 때문에 *a == b*는 거짓이 됩니다.

❹ a를 2로 나눈 나머지는 1이 되기 때문에 *a % 2 == 0*은 거짓이 됩니다.

❶에서 사용된 기호 =는 오른쪽에 있는 값을 왼쪽의 변수에 저장하라는 의미입니다. 두 값을 비교하는 '같다'는 ❸에서와 같이 ==를 사용합니다.

2 논리 연산자

다음의 표에 나타난 논리 연산자도 비교 연산자와 마찬가지로 조건문과 반복문에서 주로 사용합니다.

표 3-3. 논리 연산자

논리 연산자	설명
조건1 and 조건2	조건1과 조건2가 둘 다 참이어야 전체 결과가 참
조건1 or 조건2	조건1과 조건2 중 하나만 참이어도 전체 결과가 참
not 조건	조건이 참이면 그 결과는 거짓, 조건이 거짓이면 그 결과는 참

논리 연산자는 하나 또는 다수의 조건이 존재하는 경우에 조건식의 참과 거짓을 판별할 때 사용됩니다. and 연산자는 두 조건이 모두 참이어야만 참이고, or 연산자는 두 조건 중 하나만 참이어도 참이 되고, not 연산자는 참을 거짓으로 거짓을 참으로 변경합니다.

1 and 연산자

다음은 필기 성적과 실기 성적이 80점 이상이면 합격(참)을 판별하는 예입니다.

IDLE Shell

```
>>> pilgi = 85            # 필기 성적 85점
>>> silgi = 90            # 실기 성적 90점
>>> pilgi >= 80 and silgi >= 80      # 둘 다 80정 이상이니 참      ❶
True
>>> silgi = 70                                                    ❷
>>> pilgi >= 80 and silgi >= 80      # 실기(70점)가 80미만이으로 거짓   ❸
False
```

❶ 두 조건이 모두 참이 되므로 그 결과 참인 True를 출력합니다. 이와 같이 논리 연산자 and는 두 조건이 모두 참인 경우에 전체 조건이 참이 됩니다.

❷ 변수 silgi에 70을 저장합니다.

❸ 실기 점수(변수 silgi)가 70점이므로 두 번째 조건인 silgi >= 80이 거짓이 되므로 전체 결과는 거짓이 되어 False를 출력합니다.

ⓘ 표 3-3에서 설명한 것과 같이 논리 연산자 and는 두 조건이 모두 참일 때만 그 결과가 참이 됩니다.

2 or 연산자

다음 예제를 통하여 or 연산자의 사용법을 익혀봅시다.

IDLE Shell

```
>>> x = 20
>>> x %2 == 0 or x%3 == 0        ❶
True
>>> x = 11
>>> x %2 == 0 or x%3 == 0        ❷
False
```

❶ 첫 번째 조건(20%2)은 그 결과가 0이 되므로 참, 두 번째 조건(20%3)은 2가 되므로 거짓이 됩니다. *논리 연산자 or는 두 조건 중 하나만 참이어도 전체 조건이 참*이 됩니다.

❷ 첫 번째 조건(11%2) == 0과 두 번째 조건(11%3) == 0이 모두 거짓이기 때문에 전체 조건이 거짓이 됩니다.

ⓘ 표 3-3에서 설명한 것과 같이 논리 연산자 or는 두 조건 중 하나만 참이어도 그 결과는 참이 됩니다.

❸ not 연산자

이번에는 논리 연산자 not이 사용되는 예를 살펴 봅시다.

IDLE Shell

```
>>> x = 10
>>> not x==10        ❶
False
>>> x = 5
>>> not x %2==0      ❷
True
```

❶ 조건 x==10은 참이 됩니다. 따라서 그 앞에 붙은 not에 의해 참이 거짓이 됩니다. 이와 같이 논리 연산자 not은 참을 거짓으로 거짓을 참으로 변경합니다.

❷ 조건 x%2==0은 거짓이 되므로, not x%2==0은 참이 됩니다.

Ⓘ 표 3-3에서 설명한 것과 같이 논리 연산자 not은 참을 거짓으로 거짓을 참으로 변경합니다.

Quiz 3-1 비교 연산자와 논리 연산자

1. 다음은 IDLE 쉘 모드에서 사용된 명령입니다. 이 명령의 실행 결과는?

```
>>> a = 5
>>> b = 7
>>> c = a + b
>>> c == a + b
```

❶ True ❷ False

2. 다음은 IDLE 쉘 모드에서 사용된 명령입니다. 이 명령의 실행 결과는?

```
>>> hobby1 = '영화감상'
>>> hobby2 = '수영'
>>> my_hobby = '독서'
>>> my_hobby == hobby1 or my_hobby == hobby2
```

❶ True ❷ False

3. 다음은 IDLE 쉘 모드에서 사용된 명령입니다. 이 명령의 실행 결과는?

```
>>> pilgi = 90
>>> silgi = 70
>>> pilgi >= 80 and silgi >= 80
```

❶ True ❷ False

◉ 퀴즈 정답은 100쪽에서 확인하세요.

Section 03-3 if~ 구문

앞 표 3-1의 if문 중에서 첫 번째 구문은 if~ 구문입니다. if ~ 구문은 다음과 같은 형태로 사용합니다.

```
if 조건식 :
␣문장1, 2, ...
```

*조건식*이 참이면 *문장 1, 2, ...*을 수행합니다. 달리 말하면 *문장1, 2, ...*는 조건식이 거짓이 되면 수행되지 않습니다.

이번 절에서는 if ~ 구문의 구조와 활용법에 대해 알아 봅니다.

1 if~ 구문의 기본 구조

다음은 나이가 65세 이상이면 입장료를 무료로 하는 프로그램입니다. 이 예제를 통하여 if ~ 구문의 기본 구조에 대해 살펴 봅시다.

예제 3-2. 65세 이상 입장료 무료 03/ex3-2.py

```
❶ age = int(input("나이를 입력해 주세요 : "))
❷ fee = 2000      # 기본 입장료

❸ if age >= 65 :   # 65세(경로우대) 이상이면 무료
❹     fee = 0

❺ print("나이 : %d세" % age)
  print("입장료 : %d원" % fee)
```

실행결과 1(나이가 65세 이상인 경우)

```
나이를 입력해 주세요 : 67
나이 : 67세
입장료 : 0원
```

실행결과 2(나이가 65세 이상이 아닌 경우)

```
나이를 입력해 주세요 : 30
나이 : 30세
입장료 : 2000원
```

① 키보드로 나이를 입력 받아 변수 age에 저장합니다. 이 때 키보드로 입력 받은 데이터는 문자열로 취급되지만 나이는 정수로 처리해야 하기 때문에 int() 함수를 사용하여 정수로 변환합니다.

② 입장료를 나타내는 변수 fee에 2000을 입력합니다. 기본 입장료가 2,000원이라는 의미입니다.

③ if문의 조건식 age >=65는 변수 age가 65 이상의 값(실행 결과 1)을 가지면 ❹의 문장을 수행합니다.

④ 변수 fee에 0을 입력합니다. 이 문장은 ❸의 if문의 조건식이 참일 때만 수행됩니다. 만약 조건식이 거짓인 경우(실행 결과 2)에는 ❹의 문장이 수행되지 않기 때문에 변수 fee는 ❷에서 설정된 2000의 값을 가집니다.

앞의 03-1 절의 89쪽에서 설명한 것과 같이 ❸의 if의 조건식 다음에 오는 ❹의 문장은 반드시 들여쓰기를 해야 합니다.

퀴즈 3-1 정답 : 1. ❶ 2. ❷ 3. ❷

---

⑤ print() 함수를 이용하여 변수 age와 변수 fee의 값을 출력합니다.

❗ print() 함수에서 문자 코드 %를 이용하여 결과를 출력하는 것에 대한 자세한 설명은 02-4절(74쪽)을 참고하기 바랍니다.

위에서 사용된 if ~ 구문의 사용 형식은 다음과 같습니다.

서식

```
if 조건식 :
␣문장1
␣문장2
  ......
```

if의 *조건식*이 참이면 그 다음 줄 들여쓰기 되어있는 문장들, 즉 *문장1, 문장2,* .... 를 수행합니다. 달리 말하면 *문장1, 문장2,* .... 는 조건식이 참일 때만 실행되고 조건식이 거짓이면 이 문장들은 실행되지 않습니다.

2 3의 배수/5의 배수 판별하기

어떤 수가 3의 배수인지 5의 배수인지를 판별하는 프로그램을 살펴 봅시다.

예제 3-3. if~ 구문으로 3의 배수/5의 배수 판별하기 03/ex3-3.py

```
❶ num = int(input("하나의 수를 입력하세요 : "))
❷ result = "3의 배수도 5의 배수도 아니다."

❸ if num%3 == 0 :
      result = "3의 배수이다"
❹ if num%5 == 0 :
      result = "5의 배수이다"
❺ if num%3 == 0 and num%5 == 0 :
      result = "3의 배수이면서 5의 배수이다."
   print(result)
```

실행결과 1(9가 입력된 경우)

```
하나의 수를 입력하세요 : 9
3의 배수이다
```

실행결과 2(20이 입력된 경우)

```
하나의 수를 입력하세요 : 20
5의 배수이다
```

실행결과 3(15가 입력된 경우)

```
하나의 수를 입력하세요 : 15
3의 배수이면서 5의 배수이다.
```

실행결과 4(22가 입력된 경우)

```
하나의 수를 입력하세요 : 22
3의 배수도 5의 배수도 아니다.
```

❶ 키보드로 하나의 수를 입력 받아 정수로 변환하여 변수 num에 저장합니다.

❷ 변수 result에 '3의 배수도 5의 배수도 아니다.'를 저장합니다.

❸ if문의 조건식 num%3 == 0 은 변수 num을 3로 나눈 나머지가 0, 즉 3의 배수인지를 판단합니다. 실행 결과 1에서와 같이 9가 입력되면 조건식이 참이 되어 변수 result에 '3의 배수이다'를 저장합니다.

❹ 실행 결과 2에서와 같이 20이 입력되면 조건식 num%5 == 0 이 참이 되어 변수 result에 '5의 배수이다'를 저장합니다.

❺ 입력된 수가 3의 배수이고 5의 배수인 경우에는 변수 result에 '3의 배수이면서 5의 배수이다.'를 저장합니다. 이 경우에 해당되는 것이 실행 결과 3입니다.

실행 결과 4에서와 같이 입력된 수가 22이면 ❸, ❹, ❺의 조건식이 거짓이기 때문에 변수 result는 ❷에서 설정한 '3의 배수도 5의 배수도 아니다.'의 값을 가지게 됩니다.

3 영어 단어 퀴즈 만들기

다음은 if ~ 구문을 이용하여 키보드로 입력된 영어 단어가 정답인지를 판별하는 프로그램입니다.

예제 3-4. if~ 구문으로 영어 단어 퀴즈 만들기 03/ex3-4.py

```
❶ ans1 = input("'사자'의 영어 단어는 무엇일까요? ")  # 질문에 대한 답 입력
❷ result = "땡! 틀렸습니다."                   # 초기화
❸ if ans1 == "lion" :                          # 정답 체크
❹     result = "딩동댕! 참 잘했어요~~~"   # 정답 메시지 입력

❺ print(result)                                # 화면에 결과 출력

❻ ans2 = input("'오렌지'의 영어 단어는 무엇일까요? ")
  result = "땡! 틀렸습니다."
  if ans2 == "orange" :
      result = "딩동댕! 참 잘했어요~~~"

  print(result)

❼ ans3 = input("'기차'의 영어 단어는 무엇일까요? ")
  result = "땡! 틀렸습니다."
  if ans3 == "train" :
      result = "딩동댕! 참 잘했어요~~~"

  print(result)
```

실행결과

```
'사자'의 영어 단어는 무엇일까요? lion
딩동댕! 참 잘했어요~~~
'오렌지'의 영어 단어는 무엇일까요? orrrange
땡! 틀렸습니다.
'기차'의 영어 단어는 무엇일까요? train
딩동댕! 참 잘했어요~~~
```

❶ 질문에 대한 답을 키보드로 입력 받아 변수 ans1에 저장합니다.

❷ 정답 또는 오답의 결과를 나타내는 변수 result에 기본 값으로 '땡! 틀렸습니다.'를 저장합니다.

❸ if문의 조건식 *ans1 == 'lion'* 은 키보드로 입력 받은 문자열 ans1이 'lion'과 같은지를 판단합니다.

❹ 이 문장은 ❸의 if문의 조건식이 참일 경우에만 수행됩니다. 조건식이 참일 때만 '딩동댕! 참 잘했어요~~~'를 변수 result에 저장하게 됩니다.

❺ print() 함수를 이용하여 실행 결과에 나타난 것과 같이 변수 result를 화면에 출력합니다.

❻,❼ ❻과 ❼은 각각 한글 단어 "오렌지"와 "기차"의 영어 단어 맞추기 퀴즈입니다. 이 부분은 ❶~❺와 거의 동일하기 때문에 이해에 별 어려움이 없을 것입니다.

Section 03-4 if~ else~ 구문

앞 절의 표 3-1의 if문 유형 중에서 두 번째 유형은 if ~ else ~ 구문이며 다음과 같은 형태를 갖습니다.

```
if 조건식 :
    문장1, 2, ...
else :
    문장A, B, ...
```

if 다음의 조건식이 참이면 *문장 1, 2, ...* 를 수행하고 조건식이 거짓이면 'else :' 다음 줄에 있는 *문장A, B, ...*를 수행합니다.

if ~ else ~ 구문은 짝수/홀수, 남성/여성, 합격/불합격 등에서와 같이 두 가지 조건 만이 존재할 경우에 사용합니다. 이번 절에서는 if ~ else ~ 구문의 활용법에 대해 공부해 봅시다.

1 짝수/홀수 판별하기

다음은 키보드로 입력받은 수가 짝수인지 홀수인지를 판별하는 프로그램입니다.

예제 3-5. 짝수인지 홀수인지 판별하기 03/ex3-5.py

```
❶ n = int(input("숫자를 입력해 주세요 : "))
❷ if n % 2 == 0 :
       print("%d은(는) 짝수입니다." % n)
❸ else :
       print("%d은(는) 홀수입니다." % n)
```

실행결과

```
숫자를 입력해 주세요 : 12
12은(는) 짝수입니다.
```

❶ 키보드로 하나의 숫자를 입력 받아 정수로 변환하여 변수 n에 저장합니다.

❷ 실행 결과에서와 같이 입력된 수가 12이면 if의 조건식인 n % 2 == 0이 참이 되어 '###은(는) 짝수입니다.'가 출력됩니다.

❸ else 다음의 문장은 if문 조건식이 거짓일 때 실행되어 '###은(는) 홀수입니다.'가 출력됩니다.

위에서 사용된 if ~ else ~ 구문의 사용 형식은 다음과 같습니다.

서식

```
if 조건식 :
    문장1
    문장2
    ......
else :
    문장A
    문장B
    ......
```

if의 *조건식*이 참이면 그 다음 줄의 문장들, 즉, *문장1, 문장2,* .... 를 수행합니다. 그렇지 않고 if의 *조건식이 거짓*이면 else 다음 줄에 있는 *문장A, 문장B,* ... 를 수행합니다.

바꾸어 말하면 *문장1, 문장2,* ..... 는 if의 조건식이 참일 때 수행되고, *문장A, 문장B,* ...는 if의 조건식이 거짓일 때 수행됩니다.

2 합격/불합격 판정하기

다음은 실기와 필기 시험이 있는 자격증 시험의 합격과 불합격을 판정하는 프로그램입니다.

예제 3-6. 자격증 시험 합격/불합격 판정하기 03/ex3-6.py

```
❶ pilgi = int(input("필기시험 점수를 입력하세요 : "))
   silgi = int(input("실기시험 점수를 입력하세요 : "))

❷ if pilgi >= 80 and silgi >= 80 :
      result = "합격"
❸ else :
      result = "불합격"

❹ print("- 결과 : %s" % result)
```

실행결과

```
필기시험 점수를 입력하세요 : 85
실기시험 점수를 입력하세요 : 90
- 결과 : 합격
```

❶ 키보드로 필기 점수와 실기 점수를 각각 입력 받아 정수로 변환한 다음 변수 pilgi와 silgi에 저장합니다.

❷ 필기 점수(변수 pilgi)가 80 이상이고 실기 점수(변수 silgi)가 80 이상이면 변수 result에 문자열 '합격'을 저장합니다.

❸ 그렇지 않을 경우, 즉 if의 조건식이 거짓일 경우에는 result에 문자열 '불합격'을 저장합니다.

❹ 필기시험 점수(변수 pilgi), 실기시험 점수(변수 silgi), 판정 결과(변수 result)를 화면에 출력합니다.

코딩미션
M-00006

주간/야간 아르바이트 급여 계산하기

Mission

다음은 주간 또는 야간 근무 시간에 따라 아르바이트 급여를 계산하는 프로그램입니다. 빈 박스 안을 채워서 프로그램을 완성해 보세요.

실행결과

```
아르바이트 급여 계산 프로그램
※ 시급
- 주간 근무 : 9,500원
- 야간 근무 : 주간 시급 * 1.5

1(주간 근무) 또는 2(야간근무)를 입력해주세요 : 1
근무 시간을 입력해주세요 : 10
10시간 동안 일한 주간 급여는 95000원 입니다.
```

```
print("아르바이트 급여 계산 프로그램")
print("※ 시급")
print("- 주간 근무 : 9,500원")
print("- 야간 근무 : 주간 시급 * 1.5")
print()

hour_rate = 9500

a = int(input("1(주간 근무) 또는 2(야간근무)를 입력해주세요 : "))
[    ]= int(input("근무 시간을 입력해주세요 : "))

if a==1 :
    time = "주간"
    [    ]= hour_rate * total
```

```
else :
    time = "야간"
    pay = [          ]

print("%d시간 동안 일한 %s 급여는 %.0f원 입니다." % [          ])
```

정답은 코딩스쿨(http://codingschool.info)에서 볼 수 있습니다.

Section 03-5

if~ elif~ else~ 구문

앞 표 3-1의 if문의 세 가지 구문 중에서 세 번째는 if~ elif~ else~ 구문입니다. 이 구문은 다음과 같은 사용 형식을 갖습니다.

```
if 조건식1 :
    문장1, 2, ...
elif 조건식2 :
    문장A, B, ...
...
else :
    문장i, ii, ...
```

if의 *조건식1*이 참이면 *문장1, 2, ...* 를 수행하고, 그렇지 않고 elif의 *조건식2*가 참이면 *문장A, B, ...* 를 수행하고, 그렇지 않고 앞의 조건식들이 모두 거짓이면 else 다음의 *문장i, ii, ...* 를 수행합니다.

이번 절에서는 if~ elif~ else~ 구문의 구조와 활용법에 대해 알아 봅니다. 여기서 'elif'는 'else if' 의 약어로서 '그렇지 않고 만약'이라는 의미입니다.

1 점수에 따른 등급 판정하기

다음은 점수를 입력받아 해당 등급(A, B, C, D, F)을 판정하는 프로그램입니다.

예제 3-7. 점수를 입력받아 등급 판정하기 03/ex3-7.py

```
❶ score = int(input("점수를 입력해 주세요 : "))
```

```
❷ if score >= 90 :
        grade = "A"
❸ elif score >= 80 :
        grade = "B"
❹ elif score >= 70 :
        grade = "C"
❺ elif score >= 60 :
        grade = "D"
❻ else :
        grade = "F"

❼ print("등급 :", grade)
```

실행결과

```
점수를 입력해 주세요 : 85
등급 : B
```

❶ 키보드로 점수를 입력 받아 정수로 변환하여 score에 저장합니다.

❷ score가 90이상이면 변수 grade에 'A'를 저장합니다.

❸ 그렇지 않고 만약 score의 값이 80 이상이면 grade에 'B'를 저장합니다.

❹ 그렇지 않고 만약 score의 값이 70 이상이면 grade에 'C'를 저장합니다.

❺ 그렇지 않고 만약 score의 값이 60 이상이면 grade에 'D'를 저장합니다.

❻ 그 외 나머지 모든 경우에는 grade에 'F'를 저장합니다.

❼ 점수 score에 따른 등급 grade를 화면에 출력합니다.

2 간단 계산기 만들기

다음은 if ~ elif ~ else 문을 사용하여 사칙연산(+, -, *, /)을 하는 간단한 계산기를 만드는 예제입니다.

예제 3-8. if~ elif~ else~ 구문으로 간단 계산기 만들기 03/ex3-8.py

```
print("기능 선택")
print("1. 더하기")
print("2. 빼기")
print("3. 곱하기")
print("4. 나누기")
print()

❶ select = input("계산기 기능을 선택하세요(1/2/3/4) : ")

❷ num1 = int(input("첫 번째 숫자를 입력하세요 : "))
❸ num2 = int(input("두 번째 숫자를 입력하세요 : "))

❹ if select == "1" :
    print("%d + %d = %d" % (num1, num2, num1 + num2))
elif select == "2" :
    print("%d - %d = %d" % (num1, num2, num1 - num2))
elif select == "3" :
    print("%d * %d = %d" % (num1, num2, num1 * num2))
elif select == "4" :
    print("%d / %d = %d" % (num1, num2, num1 / num2))
else :
    print("선택된 기능이 없습니다!")
```

실행결과

```
기능 선택
1. 더하기
2. 빼기
3. 곱하기
4. 나누기

계산기 기능을 선택하세요(1/2/3/4) : 3
첫 번째 숫자를 입력하세요 : 10
두 번째 숫자를 입력하세요 : 20
10 * 20 = 200
```

❶ 계산기 기능을 선택하는 숫자 하나(1, 2, 3, 4)를 키보드로 입력 받아 변수 select에 저장합니다.

❷ 계산에 사용되는 첫 번째 숫자를 입력 받아 변수 num1에 저장합니다.

❸ 계산에 사용되는 두 번째 숫자를 입력 받아 변수 num2에 저장합니다.

❹ if ~ elif ~ else ~ 구문을 이용하여 변수 select가 '1'이면 두 수를 덧셈한 결과를 출력, 변수 select가 '2'면 두 수를 뺄셈한 결과를 출력, 변수 select가 '3'이면 곱셈한 결과를 출력, 변수 select가 '4'면 나눗셈한 결과를 출력합니다. 마지막으로 그 외의 경우에는 '선택된 기능이 없습니다!'를 출력합니다.

코딩미션
M-00007

고객 만족도에 따른 팁 계산하기

Mission

다음은 음식점 직원 서비스에 대한 고객 만족도에 따라 팁을 계산하는 프로그램입니다.
빈 박스 안을 채워서 프로그램을 완성해 보세요.

팁 계산 방법

매우만족 : 음식 값의 20%, 만족 : 10%, 불만족 : 5%

실행결과

```
서비스 만족도 :
1: 매우만족
2: 만족
3: 불만족

서비스 만족도를 입력해주세요(예: 1 또는 2 또는 3) : 2
음식값을 입력해 주세요(예:8000) : 10000

서비스 만족도 : 만족, 팁 : 1000원
```

```
print("서비스 만족도 :")
print("1: 매우만족")
print("2: 만족")
print("3: 불만족")
print()

a = input("서비스 만족도를 입력해주세요(예: 1 또는 2 또는 3) : ")
price = int(input("음식값을 입력해 주세요(예:8000) : "))
if a == "1" :
    [   ]= int(price * 0.2)
    service = "매우 만족"
```

```
elif [          ]
    tip = int(price * 0.1)
    service = "만족"
[          ]
    tip = [          ]
    service = "불만족"

print()
print("서비스 만족도 : %s, 팁 : %d원" % (service, tip))
```

정답은 코딩스쿨(http://codingschool.info)에서 볼 수 있습니다.

코딩미션 M-00008

세 정수 중 가장 큰 수 찾기

Mission

다음은 키보드로 입력 받은 세 정수 중에서 가장 큰 수를 찾는 프로그램입니다. 빈 박스 안을 채워서 프로그램을 완성해 보세요.

실행결과

```
첫 번째 정수를 입력하세요 : 7
두 번째 정수를 입력하세요 : 12
세 번째 정수를 입력하세요 : 5
가장 큰 수는 12입니다.
```

```
num1 = int(input("첫 번째 정수를 입력하세요 : "))
num2 = int(input("두 번째 정수를 입력하세요 : "))
num3 = int(input("세 번째 정수를 입력하세요 : "))

if [                    ]
  largest = num1
elif [                    ]
  largest = num2
else:
  largest = num3

print("가장 큰 수는 %d입니다." % largest)
```

정답은 코딩스쿨(http://codingschool.info)에서 볼 수 있습니다.

Section 03-6 if문의 중첩

지금까지 표 3-1의 if문의 세 가지 구문(if~ 구문, if~ else~ 구문, if~ elif~ else~ 구문)의 구조와 사용법에 대해서 알아보았습니다. 경우에 따라서는 이 세 가지 구문을 두 개 이상 서로 혼합하여 사용하기도 하는 데 이것을 *if문의 중첩*이라고 합니다.

이번 절을 통하여 if문이 중첩되어 사용되는 몇 가지 예를 살펴보고 활용법을 익혀 봅시다.

다음은 if~ elif~ else~ 구문과 if~ else~ 구문이 중첩되어 사용되는 예입니다.

```
if 조건식 :
    〈문장들〉
elif 조건식 :           ┐
    if 조건식 :     ┐   │
        〈문장들〉   │   │ ❶
    else :          │ ❷ │
        〈문장들〉   ┘   ┘
else :
    〈문장들〉
```

위의 예에서는 if~ elif~ else~ 구문과 if~ else~ 구문이 중첩되어 사용됩니다. ❶의 elif 내에 ❷의 if~ else~ 가 사용되고 있습니다.

❷의 if~ else~ 는 ❶의 elif의 조건식이 참인 경우에만 실행됩니다.

if문이 중첩되어 사용되는 예로서 만 나이를 계산하는 프로그램을 생각해 봅시다.

만 나이는 그 사람이 출생한 년, 월, 일과 오늘 날짜의 년, 월, 일에 따라 계산됩니다. 만 나이를 계산하는 방법을 표로 정리하면 다음과 같습니다.

표 3-4. 만 나이 계산 방법(오늘 날짜가 2022년 8월 20일 이라고 가정)

구문	사용 형태	책의 설명
8월 이전(1월~7월)	-	만 나이 = 2018 - 출생 년
8월	20일 이전(1일 ~ 20일)	만 나이 = 2018 - 출생 년
	20일 이후(21일 ~ 31일)	만 나이 = 2018 - 출생 년 - 1
8월 이후(9월~12월)	-	만 나이 = 2018 - 출생 년 - 1

표 3-4에 나타난 것과 같이 만 나이는 출생 월과 일에 따라 조금 복잡하게 계산되는데 이 알고리즘에 따라 프로그램을 짜려면 if문을 중첩해서 사용해야 합니다.

자 그럼 표 3-4의 알고리즘을 이용하여 만 나이를 계산하는 프로그램을 작성해 봅시다.

예제 3-9. 중첩 if문으로 만 나이 계산하기 03/ex3-9.py

```
   print("=" * 50)
❶ now_year  = int(input("현재년을 입력해 주세요 : "))
   now_month = int(input("현재월을 입력해 주세요 : "))
   now_day   = int(input("현재일을 입력해 주세요 : "))

❷ birth_year  = int(input("출생년을 입력해 주세요 : "))
   birth_month = int(input("출생월을 입력해 주세요 : "))
   birth_day   = int(input("출생일을 입력해 주세요 : "))

❸ if birth_month < now_month :
       age = now_year - birth_year
```

```
❸ elif birth_month == now_month :
    ❹ if birth_day <= now_day :
        age = now_year - birth_year
    ❹ else :
        age = now_year - birth_year - 1
❸ else :
    age = now_year - birth_year - 1

❺ print("=" * 50)
  print("오늘 날짜 : %d.%d.%d" % (now_year, now_month, now_day))
  print("생년 월일 : %d.%d.%d" % (birth_year, birth_month, birth_day))
  print("-" * 50)
  print("만 나이 : %d세" % age)
  print("=" * 50)
```

실행결과

```
==================================================
현재년을 입력해 주세요 : 2020
현재월을 입력해 주세요 : 8
현재일을 입력해 주세요 : 20
출생년을 입력해 주세요 : 2000
출생월을 입력해 주세요 : 8
출생일을 입력해 주세요 : 15
==================================================
오늘 날짜 : 2020.8.20
생년 월일 : 2000.8.15
--------------------------------------------------
만 나이 : 20세
==================================================
```

❶ 현재의 년, 월, 일을 입력 받아 정수로 변환하여 각각 변수 now_year, now_month, now_day에 저장합니다.

❷ 출생한 년, 월, 일을 입력 받아 정수로 변환하여 각각 변수 birth_year, birth_month, birth_day에 저장합니다.

❸ if~ elif~ else~ 구문을 이용하여 출생 월이 현재 월을 지났는지 아닌지를 판단합니다.

❹ 이 부분은 출생 월이 현재의 월과 같을 경우입니다. if~ else~ 구문을 이용하여 현재 일자와 출생한 일자를 서로 비교해서 각각의 경우에 따른 만 나이를 계산합니다.

❺ 실행 결과 나타난 것과 같이 오늘 날짜, 생년 월일, 만 나이를 출력합니다.

코딩미션 M-00009 물의 온도에 따라 물의 상태 판별하기

Mission

다음은 물의 온도와 단위(섭씨 또는 화씨)를 입력 받아 물의 상태를 판별하는 프로그램입니다. 빈 박스 안을 채워서 프로그램을 완성해 보세요.

조건

- 0도 이하 : 고체 - 100도 이상 : 기체 - 나머지 온도 : 액체

화씨 온도 입력 시는 섭씨로 변환하여 물의 상태 판별

섭씨온도 = (화씨온도 -32) * 5/9

실행결과

```
단위를 입력해 주세요(섭씨 또는 화씨): 화씨
온도를 입력해 주세요: 30
물의 섭씨 온도 : -1, 상태 : 고체
```

```
unit = input(“단위를 입력해 주세요(섭씨 또는 화씨): “)
temp = int(input(“온도를 입력해 주세요: “))

if unit == “화씨” :
    temp = (      - 32) * 5 / 9

if       < 0 :
    state = “고체”
elif temp < 100 :
    state = “액체”
      
    state = “기체”

print(“물의 섭씨 온도 : %.0f, 상태 : %s” % ( temp,       ))
```

정답은 코딩스쿨(http://codingschool.info)에서 볼 수 있습니다.

연습문제 3장. 조건문

Q3-1. 키보드로 입력 받은 정수가 100 ~ 1000 사이(100과 1000포함)의 수인지 아닌지를 판정하는 프로그램을 작성하시오.

실행결과 1 ⚙

정수를 입력하세요 : 137
입력된 정수 : 137
입력된 정수는 100 ~ 1000 사이에 있습니다!

실행결과 2 ⚙

정수를 입력하세요 : 55
입력된 정수 : 55
입력된 정수는 100 ~ 1000 사이에 있지 않습니다!

Q3-2. 영어 소문자 하나를 키보드로 입력 받아 모음인지 자음인지를 판별하는 프로그램을 작성하시오.

실행결과 1 ⚙

영어 소문자 하나를 입력하세요 : t
t -> 자음

실행결과 2 ⚙

영어 소문자 하나를 입력하세요 : e
e -> 모음

Q3-3. 키와 몸무게를 입력 받아 다이어트가 필요한지를 판정하는 프로그램을 작성하시오.

✔ 다이어트 판단 기준

- 표준 또는 마른 체형 : 몸무게가 (키 - 100) x 0.9 보다 작거나 같은 경우
- 다이어트 필요 : 몸무게가 (키 - 100) x 0.9 보다 큰 경우

실행결과 1

```
키를 입력해 주세요 : 170
몸무게를 입력해 주세요 : 45
==================================================
키 :  170
몸무게 :  45
표준 또는 마른 체형이예요.
==================================================
```

실행결과 2

```
키를 입력해 주세요 : 160
몸무게를 입력해 주세요 : 80
==================================================
키 :  160
몸무게 :  80
다이어트가 필요해요.
==================================================
```

Q3-4. 숫자로 된 월을 입력 받아 그에 해당되는 계절 이름(봄, 여름, 가을 겨울)을 출력하는 프로그램을 작성하시오.

✔ 조건

- 봄 : 3~5월, 여름 : 6~8월, 가을 : 9~11월, 겨울 : 12, 1, 2월
- 그 외 숫자 입력 : '월이 잘못 입력되었습니다!' 출력

실행결과 1 ⚙

월을 입력해주세요 : 5
5월은 봄입니다

실행결과 2 ⚙

월을 입력해주세요 : 10
10월은 가을입니다

실행결과 3 ⚙

월을 입력해주세요 : 15
월이 잘못 입력되었습니다!

Q3-5. 물건 구매가를 입력 받아 할인이 적용된 지불 금액을 계산하는 프로그램을 작성하시오.

✔ 물건 구매가에 따른 할인율

- 10000원 미만 : 할인 없음
- 10000원 ~ 50000원 미만 : 5% 할인
- 50000원 ~ 300000원 미만 : 7.5% 할인
- 300000원 이상 : 10% 할인

실행결과 ⚙

물건 구매가를 입력하세요 : 120000
구매가 : 120000
할인율 : 7.5%
할인 금액 : 9000
- 지불 금액 : 111000

Q3-6. 웹 사이트의 아이디와 회원 레벨을 입력 받아 콘텐츠의 이용 여부를 판단하는 프로그램을 작성하시오.

✔ 콘텐츠 이용 조건

- 아이디가 'admin'일 경우 : 회원 레벨에 상관없이 접근 가능
- 아이디가 'admin'이 아닐 경우 : 회원 레벨이 1~7이면 접근 가능하고 그 외는 접근 불가

실행결과 1

```
아이디를 입력하세요 : admin
해당 콘텐츠 이용이 가능합니다!
```

실행결과 2

```
아이디를 입력하세요 : rubato
회원 레벨을 입력해 주세요 : 3
해당 콘텐츠 이용이 가능합니다!
```

실행결과 3

```
아이디를 입력하세요 : rubato
회원 레벨을 입력해 주세요 : 8
해당 콘텐츠에 접근할 수 없습니다. 관리자에게 문의해 주세요!
```

연습문제 정답은 책 뒤 부록에 있어요.

04

Chapter 04

반복문

4장에서는

프로그램의 일부 코드를 여러 번 반복시킬 때 사용하는 반복문에 대해 알아봅니다. 파이썬의 반복문인 for문과 while문의 기본 구조를 살펴보고 정수 합계 구하기, 문자열 처리하기, 섭씨/화씨 온도 변환 등의 예제를 통하여 반복문을 실제 프로그램에 활용하는 방법을 익힙니다. 또한 반복문의 반복 루프 중에 원하는 때에 빠져 나갈 수 있는 break문에 대해서도 학습합니다.

Section 04-1

반복문이란?

컴퓨터가 가장 잘 하는 것 중 하나가 똑같은 작업을 반복하는 것입니다. 프로그래밍 언어에서 반복문은 같은 블록의 코드를 반복해서 수행할 때 사용합니다. 파이썬의 반복문에는 다음의 두 가지가 존재합니다.

(1) for문

(2) while문

1 반복문을 사용하지 않은 경우

다음은 반복문을 사용하지 않고 '안녕하세요.'를 화면에 다섯 번 출력하는 프로그램입니다.

예제 4-1. 반복문 사용하지 않고 반복 출력하기 04/ex4-1.py

```
print("안녕하세요.")
print("안녕하세요.")
print("안녕하세요.")
print("안녕하세요.")
print("안녕하세요.")
```

실행결과

```
안녕하세요.
안녕하세요.
안녕하세요.
안녕하세요.
안녕하세요.
```

위 예제 4-1에서는 print() 함수를 다섯 번 사용하여 실행 결과에서와 같이 다섯 줄의 '안녕하세요.'를 출력합니다.

2 반복문 for를 사용한 경우

반복문인 for문을 이용하면 다음 예제에서와 같이 두 줄의 코드로 같은 결과를 만들 수 있습니다.

예제 4-2. 반복문 for로 반복 출력하기 04/ex4-2.py

```
for x in range(5) :
␣print("안녕하세요.")
```

※ ␣ : 키보드 탭(Tab) 키에 의한 들여쓰기

실행결과

```
안녕하세요.
안녕하세요.
안녕하세요.
안녕하세요.
안녕하세요.
```

예제 4-1과 동일한 결과를 가져오는 프로그램을 예제 4-2에서는 단 두 줄로 해결하였습니다. for문의 *range(5)*에 의해 for 다음의 문장인 *print('안녕하세요.')*가 다섯 번 반복 수행되어 실행 결과에 나타난 것과 같이 '안녕하세요.'가 화면에 다섯 번 출력됩니다.

이와 같이 반복문은 특정 문장을 반복해서 여러 번 수행할 때 사용합니다.

for문과 range() 함수에 대해서는 다음의 04-2절에서 자세히 공부합니다. 현재 시점에서는 'for문은 특정 문장을 여러 번 반복수행 시키는 데 사용 되는구나!' 하는 정도로만 이해하면 됩니다.

Section 04-2

for문

for는 '~ 하는 동안'이란 의미를 갖습니다. 파이썬을 포함한 많은 프로그래밍 언어에서 사용되는 for문은 주어진 범위에서 문장들을 반복 수행하게 됩니다. 이번 절에서는 for문의 기본 구조와 활용법에 대해 공부합니다.

1 for문과 range() 함수

for문은 일반적으로 range() 함수와 같이 사용되는 경우가 많습니다. 다음 예제에서는 1에서 10까지의 정수를 화면에 출력합니다. 이 예를 통하여 for문의 기본 구조와 range() 함수의 사용법에 대해 알아봅시다.

예제 4-3. 0에서 9까지의 정수 출력하기

04/ex4-3.py

```
❶ for x in range(10) :
❷     print(x)
```

실행결과

```
0
1
2
...
9
```

range(10)은 0에서 9까지의 정수 범위(0, 1, 2, ..., 9)를 갖습니다. ❶에서 사용된 변수 x는 range(10)의 범위 값인 0, 1, 2, ..., 9의 값을 가지고 ❷의 문장을 반복 실행합니다. 따라서 실행 결과에서와 같이 각각의 x의 값(0, 1, 2, ..., 9)이 화면에 출력됩니다.

위 예제 4-3의 range() 함수는 다른 형태로도 사용될 수 있습니다. 다음 예제를 통하여 range() 함수의 활용법에 대해 좀 더 자세히 알아봅시다.

예제 4-4. for문에서 range() 함수 활용 04/ex4-4.py

```
❶ for i in range(10) :
❷     print(i, end =" ")

   print()                    # 줄바꿈
❸ for i in range(1, 11) :
       print(i, end =" ")

   print()                    # 줄바꿈
❹ for i in range(1, 10, 2) :
       print(i, end =" ")

   print()                    # 줄바꿈
❺ for i in range(10, 0, -2) :
       print(i, end =" ")
```

실행결과

```
0 1 2 3 4 5 6 7 8 9
1 2 3 4 5 6 7 8 9 10
1 3 5 7 9
10 8 6 4 2
```

❶ range(10)은 0~9까지의 범위를 가지기 때문에 변수 i가 0, 1, 2, …, 9의 값을 가지고 ❷의 문장이 반복 수행됩니다.

❷ 이 print() 함수 문장이 ❶에서 지정된 횟수만큼 반복 수행되어 실행 결과의 첫 번째 줄의 결과가 나옵니다. 키워드 end= " "는 해당 i의 값을 화면에 출력한 다음 줄바꿈 대신 공백(" ")을 삽입하게 합니다.

ⓘ print() 함수는 기본적으로 내용을 출력 후 자동으로 줄바꿈이 일어납니다. print() 함수를 이용한 자세한 출력 방법에 대해서는 2장의 02-4절을 참고하기 바랍니다.

ⓘ print() 함수에서 사용된 키워드 end는 print() 함수에 의해 해당 데이터 값을 출력한 다음 그 끝에 end에 의해 설정된 값을 삽입합니다.

❸ range(1, 11)은 1~10까지의 범위를 가지고 반복 루프가 진행되어 실행결과 두 번째 줄의 결과가 출력됩니다.

❹ range(1, 10, 2)는 1~9의 범위에서 2씩 증가함을 의미하여 1, 3, 5, 7, 9의 값을 가집니다. 실행 결과 세 번째 줄에 나타난 것과 같이 '1 3 5 7 9'가 화면에 출력됩니다.

❺ range(10, 0, -2)는 10, 8, 6, 4, 2의 값을 가지게 되어 실행 결과 마지막 줄의 결과가 출력됩니다.

위 예제에서 사용된 range() 함수는 다음의 세 가지 형식으로 사용됩니다.

서식 1

for *변수* in *range(종료값)* :
    문장1, 문장2, ...

*range(종료값)*은 *0*에서 *종료값-1*의 정수 범위를 갖게 됩니다. 그리고 *변수*는 각 반복 루프에서 range() 범위에 있는 각각의 값을 가지게 됩니다. 예를 들어 range(10)은 0에서 9까지의 정수 범위를 의미합니다.

서식 2

for *변수* in *range(시작값, 종료값)* :
    문장1, 문장2, ...

*range(시작값, 종료값)*은 *시작값*에서 *종료값-1*의 정수 범위를 갖습니다. 예를 들어 range(1, 11)은 1에서 10까지의 정수 범위(1, 2, 3, ..., 10)를 갖습니다.

서식 3

```
for 변수 in range(시작값, 종료값, 증가_감소) :
    문장1, 문장2, ......
```

*range(시작값, 종료값, 증가(또는 감소))*는 *시작값*에서 *종료값-1* 사이의 정수 범위를 갖는데 각 정수 사이의 간격은 *증가(또는 감소)*의 값에 의해 결정됩니다. 예를 들어 range(1, 11, 2)는 1에서 10까지의 정수 중에서 2씩 증가하는 범위를 나타내기 때문에 정수 1, 3, 5, 7, 9의 범위 값을 의미합니다.

2 for문으로 정수 합계 구하기

다음은 for문을 이용하여 1~10까지 정수의 합계를 구하는 예제입니다.

예제 4-5. 1에서 10까지 정수 합계 구하기 04/ex4-5.py

```
❶ sum = 0

❷ for i in range(1, 11) :
❸     sum = sum + i
❹     print("i의 값 : %d => 합계 : %d" % (i, sum))
```

실행결과

```
i의 값 : 1 => 합계 : 1
i의 값 : 2 => 합계 : 3
i의 값 : 3 => 합계 : 6
...
i의 값 : 10 => 합계 : 55
```

❶ 합계를 의미하는 변수 sum을 0으로 초기화합니다.

❷ range(1, 11)은 1, 2, 3, ..., 10까지의 범위(끝 숫자 11은 포함되지 않음)를 갖게 되어 들여쓰기 되어있는 ❸과 ❹의 문장이 10번 반복됩니다. 이 때 변수 i는 range() 함수의 범위인 1~10의 정수 값을 가지게 됩니다.

❸ 각 반복 루프에서 우변의 sum + i의 결과가 다시 sum에 저장됩니다. 이러한 과정을 거쳐 변수 sum에 누적 합계가 구해집니다.

❹ 각 반복 루프에서 i와 sum의 값을 포맷에 맞추어 출력합니다.

각각의 반복 루프에 대입되는 변수 값을 표로 정리하면 다음과 같습니다.

표 4-1. 예제 4-5의 각 반복 루프에 따른 변수 값의 변화

반복루프	i	sum = sum + i
1번째	1	1 ← 0 + 1
2번째	2	3 ← 1 + 2
3번째	3	6 ← 3 + 3
4번째	4	10 ← 6 + 4
5번째	5	15 ← 10 + 5
6번째	6	21 ← 15 + 6
7번째	7	28 ← 21 + 7
8번째	8	36 ← 28 + 8
9번째	9	45 ← 36 + 9
10번째	10	55 ← 45 + 10

표 4-1에서 설명한 것과 같이 10번의 반복 루프가 끝나면 최종 결과인 누적된 합계 55가 sum에 저장됩니다.

3 for문으로 배수 합계 구하기

다음은 for문을 이용하여 1~100까지의 정수 중에서 5의 배수의 합계를 구하는 프로그램입니다.

예제 4-6. 1~100 정수 중 5의 배수 합계 구하기 04/ex4-6.py

```
❶ sum = 0

❷ for i in range(1, 101) :
❸     if i%5 == 0 :
❹         sum += i           # sum = sum + i와 동일

❺ print("1~100 정수 중 5의 배수의 합계 : %d" % sum)
```

실행결과

```
1~100 정수 중 5의 배수의 합계 : 1050
```

❶ 변수 sum을 0으로 초기화합니다.

❷ range(1, 101)은 1, 2, …, 100의 정수 범위를 의미하고 이 범위의 값들은 각 반복 루프에서 변수 i의 값이 됩니다.

❸ i의 값을 5로 나눈 나머지가 0, 즉 5의 배수이면 ❹의 문장를 실행합니다.

❹ sum += i은 반복 루프가 진행되는 동안 i 값의 누적 합계를 구해 sum에 저장합니다.

❺ print() 함수를 이용하여 실행 결과에 나타난 것과 같이 1~100 정수 중 5의 배수의 합계인 sum 값을 화면에 출력합니다.

T4-1. 100에서 200까지의 정수 중 3의 배수가 아닌 수의 합계를 구하는 프로그램을 작성하시오(for문).

T4-2. 1에서 1000까지의 정수 중 4의 배수이거나 5의 배수인 수의 합계를 구하는 프로그램을 작성하시오(for문).

4 for문으로 문자열 처리하기

다음은 영어 단어를 입력 받아 세로로 한 글자씩 출력하는 프로그램이다. 이 예제를 통하여 for문에서 문자열을 처리하는 방법을 익혀 봅시다.

예제 4-7. 1~100 정수 중 5의 배수 합계 구하기 04/ex4-7.py

```
word = input("영어 단어를 입력하세요 : ")
for x in word :
    print(x)
```

실행결과

```
영어 단어를 입력하세요 : python
p
y
t
h
o
n
```

for의 반복 루프에서 변수 x는 문자열 word의 각 문자 'p', 'y', 't', 'h', 'o', 'n'의 값을 가지게 됩니다. 따라서 print(x)에 의해 문자를 하나씩 출력하면 영어 단어가 세로로 출력됩니다.

for문에서 문자열을 처리하는 형식은 다음과 같습니다.

서식

```
for 변수 in 문자열 :
    문장1
    문장2
    ....
```

여기서 *변수*는 *문자열*의 각 문자 값을 가지며 for의 반복 루프가 진행되어 *문장1, 문장2, ...*가 반복 수행됩니다.

5 for문으로 전화번호에서 하이픈(-) 삭제하기

이번에는 입력 받은 전화번호에서 숫자 사이에 있는 하이픈(-)을 삭제하는 프로그램을 작성해 봅시다.

예제 4-8. 전화번호에서 하이픈(-) 삭제하기 04/ex4-8.py

```
number = input("하이픈(-)을 포함한 휴대폰 번호를 입력하세요 : ")

for x in number :
❶    if x != "-" :
❷        print("%s" % x, end="")
```

실행결과

```
하이픈(-)을 포함한 휴대폰 번호를 입력하세요 : 010-1234-5678
01012345678
```

for 루프에서 변수 x는 입력된 전화번호의 각 문자를 가집니다.❶의 if문의 조건식 *x != '-'* 는 변수 x의 값이 '-' 아닐 때에만 ❷의 print() 함수에 의해 해당 문자를 출력합니다. 이렇게 해서 하이픈(-)을 제외한 전화번호를 화면에 출력할 수 있게 됩니다.

❗ ❷에서 사용된 end=""는 줄바꿈을 하지 않고 한 줄에 이어서 출력하는 역할을 합니다. 키워드 end에 대한 자세한 설명은 앞의 132쪽을 참고해 주세요.

T4-3. 영어(또는 한글) 문장을 입력받아 문장에 포함된 공백(" ")을 삭제하는 프로그램을 작성하시오(for문).

6 for문으로 섭씨/화씨 환산표 만들기

이번에는 for문을 이용하여 -20도에서 30도까지의 섭씨 온도를 화씨온도로 환산하는 표를 만드는 프로그램을 작성해 봅시다.

섭씨 온도를 화씨온도로 환산하는 수식은 다음과 같습니다.

✔ 화씨 온도 = 섭씨 온도 x 9/5 + 32

예제 4-9. for문으로 섭씨/화씨 환산표 만들기 04/ex4-9.py

```
❶ print("-" * 30)
❷ print("%7s \t %7s" % ("섭씨", "화씨"))
   print("-" * 30)
```

```
❸ for c in range(-20, 31, 5) :
❹     f = c * 9.0/ 5.0 + 32.0
❺     print("%8d \t %8.1f" % (c, f))

print("-" * 30)
```

실행결과

```
------------------------------
   섭씨       화씨
------------------------------
   -20      -4.0
   -15       5.0
   -10      14.0
    -5      23.0
     0      32.0
     5      41.0
    10      50.0
    15      59.0
    20      68.0
    25      77.0
    30      86.0
------------------------------
```

❶ 실행 결과의 제일 위에 나타난 것과 같이 문자 '-'를 30번 반복 출력합니다.

ⓘ 반복 연산자 *에 대해서는 2장의 60쪽을 참고하기 바랍니다.

❷ 실행 결과의 제목에 나타난 대로 문자열 포맷팅 %를 이용하여 포맷에 맞추어 출력합니다. %7s는 7자리의 문자열을 의미합니다. 여기서 \t는 키보드의 탭Tab 키를 누른 것과 같은 역할을 합니다.

ⓘ 문자열 포맷팅에서 대해서는 2장의 63쪽을 참고하기 바랍니다.

❸ range(-20, 31, 5)는 -20, -15, -10, …, 30의 값을 가지며 이 값들은 for 루프 내의 변수 c에 입력되어 반복 루프가 진행됩니다.

❹ 각 반복 루프에서 섭씨 온도(변수 c)를 수식을 이용하여 화씨 온도(변수 f)로 변환합니다. 각 반복 루프에서 print() 함수를 이용하여 섭씨온도 c와 화씨온도 f를 포맷에 맞추어 화면에 출력합니다. 이 때 사용된 문자 코드 %8d는 8자리의 정수를 나타냅니다. %8.1f는 실수에 대해 전체 자리 수는 8이고 소수점 1째 자리까지 출력합니다.

❺ \t와 같은 것을 이스케이프 코드(Escape Code)라고 합니다. 이스케이프 코드는 파이썬을 포함한 프로그래밍 언어에서 미리 정의해 둔 역 슬래시(\)로 시작하는 문자 조합을 의미합니다. ⓘ 한글 키보드에서 역 슬래시는 ₩으로 나타나며 보통 키보드 오른쪽에 있는 엔터(Enter) 키 위에 위치하고 있습니다.

많이 쓰이는 이스케이프 코드를 표로 정리하면 다음과 같습니다.

표 4-2. 이스케이프 코드

코드	설명
\n	줄바꿈
\t	탭
\\	역 슬래시(\) 자체를 출력
\'	단 따옴표(')를 출력
\"	쌍 따옴표(")를 출력

T4-4. 예제 4-9를 참고하여 화씨(10~90도, 10씩 증가)를 섭씨로 환산하는 환산표를 만드는 프로그램을 작성하시오.(for문).

코딩미션
M-00010

for문을 이용하여 별표(*)로 직각삼각형 만들기

Mission

다음은 for 문을 이용하여 별표(*)로 구성된 트리를 만드는 프로그램입니다. 빈 박스 안을 채워서 프로그램을 완성해 보세요.

실행결과

```
         *
        **
       ***
      ****
     *****
    ******
   *******
  ********
 *********
**********
```

```
for i in range(1, 11) :
    print(" " * ( [    ] ), end="")
    print("*" * [ ] )
```

정답은 코딩스쿨(http://codingschool.info)에서 볼 수 있습니다.

코딩미션
M-00011

for문으로 홀수 개수 세기

Mission

다음은 for문을 이용하여 키보드로 입력된 숫자에서 홀수의 개수를 세는 프로그램입니다. 빈 박스 안을 채워서 프로그램을 완성해 보세요.

실행결과

```
숫자를 입력하세요 : 374376455
입력된 숫자 중 홀수의 개수 : 6
```

```
number = input("숫자를 입력하세요 : ")

total = 0

for [ ] in [ ]:
  a = int(a)
  if [ ]:
    total += 1

print("입력된 숫자 중 홀수의 개수 : %d" % [ ])
```

정답은 코딩스쿨(http://codingschool.info)에서 볼 수 있습니다.

코딩미션
M-00012

for문으로 킬로그램을 파운드와 온스로 변환하기

Mission

for문을 이용하여 40 ~ 100(2씩 증가) 킬로그램(kg)을 파운드와 온스로 환산하는 한산표를 만드는 프로그램을 작성하시오.

실행결과

```
----------------------------------------
킬로그램 파운드   온스
----------------------------------------
40       88.2     1411.0
42       92.6     1481.5
44       97.0     1552.1
46       101.4    1622.6
48       105.8    1693.2
50       110.2    1763.7
52       114.6    1834.2
...
94       207.2    3315.8
96       211.6    3386.3
98       216.1    3456.8
100      220.5    3527.4
----------------------------------------
```

정답은 코딩스쿨(http://codingschool.info)에서 볼 수 있습니다.

Section 04-3 이중 for문

이중 for문은 for문을 이중으로 사용하는 것을 말합니다. 이번 절에서는 2단에서 9단까지의 구구단 표를 만드는 과정을 통하여 이중 for문의 사용법에 대해 알아 봅시다.

먼저 for문을 이용하여 구구단 2단을 만들어 봅시다.

예제 4-10. 구구단 2단 만들기 04/ex4-10.py

```
❶ a = 2          # 2단
❷ for b in range(1, 10) :
      print("%d x %d = %d" % (a, b, a*b))
```

실행결과

```
2 x 1 = 2
2 x 2 = 4
2 x 3 = 6
2 x 4 = 8
2 x 5 = 10
2 x 6 = 12
2 x 7 = 14
2 x 8 = 16
2 x 9 = 18
```

❶ 2단이기 때문에 변수 a에 2를 저장합니다.

❷ 변수 b가 1에서 9까지의 값을 가지면서 반복 루프가 수행됩니다. 각 루프에서 실행 결과에서와 같은 형태로 구구단 2단을 한 줄씩 화면에 출력합니다.

자 그럼 이번에는 2단 ~ 9단까지의 구구단 표를 만들어 봅시다.

전체 구구단 표를 만들기 위해서는 다음과 같이 for문을 이중으로 사용해야 합니다.

예제 4-11. 이중 for문으로 구구단 표 만들기 04/ex4-11.py

```
print("-" * 50)

❶ for a in range(2, 10) :        # 2단 ~ 9단
❷     for b in range(1, 10) :
          print("%d x %d = %d" % (a, b, a*b))

      print("-" * 50)
```

실행결과

```
--------------------------------------------------
2 x 1 = 2
2 x 2 = 4
2 x 3 = 6
2 x 4 = 8
2 x 5 = 10
2 x 6 = 12
2 x 7 = 14
2 x 8 = 16
2 x 9 = 18
--------------------------------------------------
3 x 1 = 3
...
9 x 7 = 63
9 x 8 = 72
9 x 9 = 81
--------------------------------------------------
```

2단 만들기

제일 먼저 ❶의 첫 번째 for문의 변수 a가 2의 값을 가지는데 변수 a의 값이 2로 고정된 상태에서 ❷의 두 번째 for문의 변수 b가 1에서 9까지의 값을 가지고 반복 루프가 진행되어 구구단 표 2단이 만들어 집니다.

3단 만들기

❶의 for 루프에서 변수 a가 2일 때 2단이 만들어 졌으면, 그 다음에는 변수 a가 3의 값을 가지게 됩니다. 이번에는 변수 a가 3의 값으로 고정된 상태에서 다시 ❷의 for문의 변수 b가 1에서 9까지의 값으로 반복 루프가 수행되어 구구단 표 3단이 만들어 집니다.

같은 방식으로 나머지 4단에서 9단까지의 구구단 표도 만들어져 실행 결과에 나타난 것과 같이 2단부터 9단까지의 구구단 표 전체가 완성됩니다.

Section 04-4

while문

while문은 for문과 함께 많이 사용되는 반복문으로서 사용 형태는 다음과 같습니다.

서식

```
while 조건식 :
    문장1
    문장2

    ....
```

while문은 *조건식*이 참인 동안 *문장1, 문장2, ...* 이 반복 수행됩니다.

1 while문의 기본 구조

다음은 while문을 이용하여 1에서 10까지 정수의 합계를 구하는 프로그램입니다.

예제 4-12. while문으로 1~10의 합계 구하기 04/ex4-12.py

```
❶ sum = 0
❷ i = 1

❸ while i <= 10 :
❹     sum += i        # sum = sum + i 와 동일
❺     print("i의 값 : %d => 합계 : %d" % (i, sum))
❻     i += 1          # i = i + 1 과 동일
```

실행결과

```
i의 값 : 1 => 합계 : 1
i의 값 : 2 => 합계 : 3
i의 값 : 3 => 합계 : 6
i의 값 : 4 => 합계 : 10
i의 값 : 5 => 합계 : 15
i의 값 : 6 => 합계 : 21
i의 값 : 7 => 합계 : 28
i의 값 : 8 => 합계 : 36
i의 값 : 9 => 합계 : 45
i의 값 : 10 => 합계 : 55
```

❶ 합계를 나타내는 변수 sum을 0으로 초기화합니다

❷ while문의 반복 루프에서 사용될 변수 i를 1로 초기화합니다.

❸ while의 조건식 i <= 10 이 참인 동안에 ❹~❻의 문장이 반복 수행되어 sum에 누적합계가 구해집니다. 그리고 while의 조건식 i <= 10 이 거짓이 되는 순간 바로 반복 루프를 빠져나가게 됩니다.

다음의 표를 통해 예제 4-12의 각 반복 루프에서 조건식(i <= 10)의 참/거짓의 상태를 알아보고 루프 내의 변수들이 어떤 값을 갖는 지 살펴봅시다.

표 4-3. 예제 4-12의 각 반복 루프에 따른 변수 값의 변화

반복루프	i	조건식(i<=10)	sum += i	i += 1
1번째	1	1 <= 10 : 참	1 ← 0 + 1	2 ← 1 + 1
2번째	2	2 <= 10 : 참	3 ← 1 + 2	3 ← 2 + 1
3번째	3	3 <= 10 : 참	6 ← 3 + 3	4 ← 3 + 1
4번째	4	4 <= 10 : 참	10 ← 6 + 4	5 ← 4 + 1
5번째	5	5 <= 10 : 참	15 ← 10 + 5	6 ← 5 + 1
6번째	6	6 <= 10 : 참	21 ← 15 + 6	7 ← 6 + 1

7번째	7	7 <= 10 : 참	28 ← 21 + 7	8 ← 7 + 1
8번째	8	8 <= 10 : 참	36 ← 28 + 8	9 ← 8 + 1
9번째	9	9 <= 10 : 참	45 ← 36 + 9	10 ← 9 + 1
10번째	10	10 <= 10 : 참	55 ← 45 + 10	11 ← 10 + 1
11번째	11	11 <= 10 : 거짓	반복 루프를 빠져나감	

2 while문과 for문의 차이점

1에서 10까지의 정수의 합을 구하는 프로그램을 while문과 for문으로 각각 작성해보고 그 차이점을 비교해 봅시다.

1 while문 이용

```
   sum = 0
①  i = 1
②  while i <= 10 :
       sum +=  i
③      i += 1

   print("합계 :", sum)
```

2 for문 이용

```
   sum = 0
①  for  i in range(1,11) :
       sum +=  i

   print("합계 :", sum)
```

표 4-4. while문과 for문의 비교

항목	while문	for문
변수 초기화	❶에서 변수 i를 1로 초기화	-
조건식	❷의 조건식이 참인 동안 while 루프가 반복됨.	while문의 ❶, ❷, ❸의 역할을 for에서는 ❶의 range() 함수가 대신함.
변수 증가(또는 감소)	❸에서 i의 값의 변화가 있어야 함.	-

while문에서 사용된 *변수 초기화, 조건식, 변수 증가(또는 감소)*의 역할을 for문에서는 *range() 함수*가 담당합니다. 이와 같이 for문은 while문에 비해 구조가 단순하고 직관적이어서 코드가 간결합니다.

이러한 이유로 보통 for문이 while문에 비해 더 많이 쓰입니다. 그러나 어떤 경우에는 for문을 사용하면 프로그램이 오히려 더 복잡하게 되고 작성 자체가 어려울 때가 종종 있습니다. 이러한 경우에는 for문 대신에 while문을 사용하여야 합니다.

3 while문으로 5의 배수 합계 구하기

다음 예제는 while문으로 200에서 500까지의 정수 중 5의 배수의 합계를 구하는 프로그램입니다.

예제 4-13. 200~500 정수 중 5의 배수 합계 구하기 04/ex4-13.py

```
❶ sum = 0
   i = 200

❷ while i<=500 :
❸     if i%5 == 0 :
❹         sum += i
❺     i += 1
```

```
❻  print("200~500 5의 배수의 합계 :", sum)
```

실행결과

```
200~500 5의 배수의 합계 : 21350
```

❶ 합계를 의미하는 변수 sum을 0으로 초기화 하고 변수 i를 200으로 초기화합니다.

❷ while 루프에서 변수 i는 200에서 시작하여 ❺에 의해 1씩 증가합니다. 조건식 i <= 500 이 참인 동안 ❸~❺의 문장이 반복 수행됩니다. 변수 i의 값이 501이 되면 while의 조건식 501 <= 500 은 거짓이 되기 때문에 반복 루프를 빠져 나옵니다.

❸ if문의 조건식 i % 5 == 0 에 의해 i가 5의 배수일 때만 ❹의 문장이 수행되어 5의 배수의 누적 합계 sum이 구해집니다.

❻ print() 함수를 이용하여 실행 결과에 나타난 것과 같이 합계 sum을 출력합니다.

T4-5. while문을 이용하여 1~1000까지의 정수 중 3의 배수가 아닌 수의 합계를 구하는 프로그램을 작성하시오.

T4-6. while문을 이용하여 500~800까지의 정수 중 3의 배수이거나 5의 배수인 수의 합계를 구하는 프로그램을 작성하시오.

4 while문으로 영어 모음 개수 구하기

이번에는 while문을 이용하여 문자열을 처리하는 것에 대해 알아 봅시다. 다음의 예제는 while문을 이용하여 영어 문장에 포함된 모음의 개수를 세는 프로그램입니다.

예제 4-14. 영어 문자의 모음 개수 구하기 04/ex4-14.py

```
❶ s = "Love me, love my dog."

   i = 0
   count = 0

   print("문장:", s)
   print("모음 : ", end = "")

❷ while i <= len(s) - 1 :
❸     if (s[i] == "a" or s[i] == "A"  or s[i] == "e" or s[i] == "E" \
         or  s[i] == "i" or s[i] == "I" or s[i] == "o" or s[i] == "O" \
         or s[i] == "u" or s[i] == "U") :
❹         count += 1
❺         print(s[i], end=" ")

      i += 1

❻ print("\n모음의 개수 :", count)
```

실행결과

```
문장: Love me, love my dog.
모음 : o e e o e o
모음의 개수 : 6
```

❶ 문자열의 인덱스를 나타내는 변수 i를 0, 모음 개수를 의미하는 변수 count를 0으로 초기화합니다.

❷ *len(s)*는 문자열 s의 길이를 의미합니다. 조건식 *i <= len(s) - 1* 은 변수 i가 문자열의 길이에서 1을 뺀 숫자보다 작거나 같은 동안 while 루프가 반복됩니다. 따라서 while 루프에서 변수 i는 0 ~ len(s)-1 까지의 값을 갖습니다. 변수 i는 문자열 s의 인덱스로 사용됩니다.

❸ if문의 조건식에서는 문자열의 각 문자를 의미하는 s[i]가 모음인지를 체크하여 참인 경우에는 ❹와 ❺의 문장을 수행합니다.

❹ *count += 1* 은 모음의 개수를 의미하는 변수 count의 값을 하나씩 증가시킵니다.

❺ 모음을 의미하는 s[i]를 실행 결과의 두 번째 줄에 나타난 것과 같이 화면에 출력합니다.

❻ 실행 결과의 세 번째 줄에 나타난 것과 같이 모음의 개수(변수 count)를 출력합니다.

(!) \n은 줄바꿈을 나타내는 이스케이프 코드입니다. 이스케이프 코드에 대해서는 140쪽을 참고해 주세요.

TIP ❸의 줄 끝에사용된 \ 기호

위의 ❸에서와 같이 문장들의 줄 끝에 사용된 역 슬래쉬(\)는 하나의 코드를 여러 줄로 나누어 쓸 때 사용합니다.

이와 같이 코드를 한 줄에 길게 쓰면 읽기가 어려워질 경우에는 역슬래쉬(\)를 이용하여 한 줄의 코드를 여러 줄에 나누어 입력할 수 있습니다.

Section 04-5

break문으로 빠져 나가기

for문이나 while문을 사용하다 보면 반복 루프를 수행 중 중간에 루프를 빠져나가고 싶은 경우가 종종 생깁니다. 이 때 사용하는 것이 break문인데, break문은 일반적으로 if문과 같이 사용되어 for문이나 while문의 반복 루프가 진행되는 동안 특정 조건을 만족하면 반복 루프를 빠져 나갈 때 사용합니다.

이번 절에서는 break문의 사용법에 대해 알아 봅니다.

1 for문의 반복 루프에서 빠져 나가기

break문을 이용하여 for문의 반복 루프에서 빠져 나가는 방법에 대해 알아 봅시다.

예제 4-15. break문으로 for문의 반복 루프 빠져 나가기 04/ex4-15.py

```
❶ for i in range(1, 1001) :
❷     print(i)

❸     if i == 10 :
❹         break
```

실행결과

```
1
2
3
```

```
4
5
6
7
8
9
10
```

위의 예제 4-15에서 ❸과 ❹의 if문과 break문이 없다고 가정하면 ❶의 for 루프에서 변수 i는 1 ~ 1000까지의 값을 갖고 for의 반복 루프가 수행되기 때문에 ❷의 print(i)에 의해 1 ~ 1000의 숫자들이 실행 결과 화면에 출력됩니다.

그러나 ❸의 if문에서 조건식 i == 10 에 의해 변수 i가 10의 값을 갖는 순간 조건식이 참이 되어 그 다음에 있는 break문에 의해 for 루프를 빠져 나가게 됩니다. 따라서 위의 실행 결과에 나타난 것과 같이 화면이 1~10까지의 숫자만이 출력되는 것입니다.

위의 for문에서 사용된 break문의 사용 형식의 예는 다음과 같습니다.

서식

```
① for 변수 in range() :
②     문장 1
      문장 2
      ...
③     if 조건식 :
④         break
⑤     ...
```

❶의 for문에 있는 range() 함수의 범위 동안 ❷~❺의 문장들이 반복 수행됩니다. 반복 루프가 수행되는 도중 ❸의 if문의 조건식이 참이 되는 순간 ❹의 break문이 수행되어 ❺ 이하에 기술된 문장들은 수행하지 않고 반복 루프를 빠져나가게 됩니다.

2 while문의 반복 루프에서 빠져 나가기

이번에는 while문에서 break문이 사용된 다음의 예를 살펴 봅시다.

예제 4-16. break문으로 while문의 반복 루프 빠져 나가기 04/ex4-16.py

```
   i = 1
   sum = 0

❶ while True :
❷     if i > 100 :
❸         break

❹     print(i)

❺     sum += i
❻     i += 1

❼ print("합계 :", sum)
```

실행결과

```
1
2
3
4
5
...
98
99
100
합계 : 5050
```

❶의 while문 조건식이 참(True)으로 고정되어 있기 때문에❷와❸의 if문과 break문이 없다면 ❹~❻의 문장이 무한 반복되어 컴퓨터에 랙(Lag)이 걸립니다.

그러나❷의 if문의 조건식 *i 〉 100* 이 참이 되는 순간❸의 break문이 수행되어 while 루프를 빠져나가게 됩니다. 따라서 실행 결과에 나타난 대로 1에서 100까지의 숫자가 출력되고 그에 대한 누적 합계가 구해집니다.

TIP 랙이란?

컴퓨터에서 랙(Lag)은 "먹통"이라고 말할 때 사용하며, 정확하게는 레이턴시(Latency)를 의미한다. 레이턴시는 지연 시간을 의미하는 데 랙은 지연 시간이 무한대인 경우를 나타낸다.

코딩미션
M-00013

while문으로 영어 문장 역순으로 출력하기

Mission

다음은 while문을 이용하여 입력된 문장을 역순으로 하고 공백(' ') 대신 하이픈(-)을 출력하는 프로그램입니다. 빈 박스 안을 채워서 프로그램을 완성해 보세요.

실행결과

```
문장을 입력해 주세요: Python is fun!
!nuf-si-nohtyP
```

```
sentence = input("문장을 입력해 주세요: ")

i = [          ]

while i >= 0 :
    if [          ] == " " :
        print("-", end="")
    else :
        print("%s" % sentence[i], end="")

    i -= 1        # i = i - 1 과 동일
```

정답은 코딩스쿨(http://codingschool.info)에서 볼 수 있습니다.

코딩미션
M-00014

while문으로 3의 배수 또는 5의 배수가 아닌 수 출력하기

Mission

다음은 while문을 이용하여 1~100까지의 정수(100 포함) 중에서 3의 배수 또는 5의 배수가 아닌 수를 출력하는 프로그램입니다. 빈 박스 안을 채워서 프로그램을 완성해 보세요. 단, 출력 시 한 줄에 10개씩 출력합니다.

실행결과

```
1 2 4 7 8 11 13 14 16 17
19 22 23 26 28 29 31 32 34 37
38 41 43 44 46 47 49 52 53 56
58 59 61 62 64 67 68 71 73 74
76 77 79 82 83 86 88 89 91 92
94 97 98
```

```
count = 0

a = 1
while a < 101 :
    if [          ] :
        print(a, end=" ")
        count += 1

        if [      ] == 0 :
            print()
    a = a + 1
```

정답은 코딩스쿨(http://codingschool.info)에서 볼 수 있습니다.

코딩미션
M-00015

입력받은 정수 까지의 소수 구하기

Mission

다음은 2부터 시작해서 키보드로 입력 받은 정수까지의 수 중에서 소수를 구하는 프로그램을 작성하시오.

실행결과

```
수를 입력해주세요 : 50
2
3
5
7
11
13
17
19
23
29
31
37
41
43
47
```

정답은 코딩스쿨(http://codingschool.info)에서 볼 수 있습니다.

연습문제 4장. 반복문

Q4-1. for문을 이용하여 10의 팩토리알(10!)을 구하는 프로그램을 작성하시오.

```
실행결과
1! = 1
2! = 2
3! = 6
4! = 24
5! = 120
6! = 720
7! = 5040
8! = 40320
9! = 362880
10! = 3628800
```

Q4-2. while문을 이용하여 키보드로 입력받은 수 까지의 팩토리알을 구하는 프로그램을 작성하시오.

```
실행결과
구하고자 하는 펙토리알 숫자를 입력하세요 : 7
1! = 1
2! = 2
3! = 6
4! = 24
5! = 120
6! = 720
7! = 5040
```

Q4-3. for문을 이용하여 센티미터(10cm ~ 80cm, 5씩 증가)를 밀리미터(mm), 미터(m), 인치(inch)로 환산하는 표를 만드는 프로그램을 작성하시오.

✔ 길이 환산 공식

- 밀리미터 = 센티미터 x 10
- 미터 = 센티미터 x 0.01
- 인치 = 센티미터 x 0.3937

실행결과

```
----------------------------------------
  cm    mm      m     inch
----------------------------------------
  10   100   0.10    3.94
  15   150   0.15    5.91
  20   200   0.20    7.87
  25   250   0.25    9.84
  30   300   0.30   11.81
  35   350   0.35   13.78
  40   400   0.40   15.75
  45   450   0.45   17.72
  50   500   0.50   19.68
  55   550   0.55   21.65
  60   600   0.60   23.62
  65   650   0.65   25.59
  70   700   0.70   27.56
  75   750   0.75   29.53
  80   800   0.80   31.50
----------------------------------------
```

Q4-4. 3번 문제와 동일한 길이 환산표를 while문을 이용하여 작성하시오. 단, 실행 결과는 3번의 것과 동일합니다.

Q4-5. while문을 이용하여 반복해서 입력받은 성적에 해당되는 등급(수, 우, 미, 양, 가)을 출력하는 프로그램을 작성하시오. 실행 결과에서와 같이 'y'가 입력되면 계속 성적을 입력받고, 'q'가 입력되면 프로그램을 종료합니다.

실행결과

```
성적을 입력하세요 : 85
등급 : 우
계속하시겠습니까?(중단:q, 계속:y) y
성적을 입력하세요 : 93
등급 : 수
계속하시겠습니까?(중단:q, 계속:y) y
성적을 입력하세요 : 77
등급 : 미
계속하시겠습니까?(중단:q, 계속:y) q
```

연습문제 정답은 책 뒤 부록에 있어요.

05

Chapter 05
리스트

5장에서는

다량의 데이터를 저장하고 처리하는 데 필요한 리스트에 대해 공부합니다. 앞에서 배운 변수는 정수, 실수, 문자열 등의 하나의 요소만 가질 수 있는 데 반하여 하나의 리스트는 정수, 실수, 문자열 등의 데이터를 포함할 수 있습니다. 이 장을 통해 리스트의 요소를 생성, 추가, 삭제하는 방법과 리스트를 반복문에 활용하는 방법을 익혀 봅시다.

Section 05-1

리스트란?

리스트(List)는 여러 개의 데이터 값을 하나의 변수, 즉 리스트에 담을 수 있는 데이터 구조입니다. 리스트의 요소들은 다음과 같이 콤마(,)로 분리되어 대괄호([ ])로 둘러싸인 형태를 갖습니다.

```
score = [90, 89, 77, 95, 67]
fruit = ['apple', 'banana', 'orange']
```

1 리스트 생성과 요소 읽기

다음 예제를 통하여 리스트를 생성한 다음 리스트의 요소를 읽어서 화면에 출력하는 것에 대해 알아봅시다.

예제 5-1. 리스트 생성과 요소 읽기 05/ex5-1.py

```
❶ color = ["red", "green", "blue", "black", "white"]

❷ print(color[0])
❸ print(color[4])
❹ print(color[1:4])
```

실행결과

```
red
white
['green', 'blue', 'black']
```

❶ 리스트 color에 5개의 문자열, 즉 'red', 'green', 'blue', 'black', 'white'를 저장합니다.

❷ 대괄호([ ]) 안에 있는 숫자 0과 같은 것을 인덱스라고 하는데 리스트의 인덱스는 문자열의 인덱스와 사용법이 거의 같습니다. print(color[0]) 는 리스트 color의 인덱스 0의 요소, 즉 'red'를 화면에 출력합니다.

> 문자열에서와 마찬가지로 인덱스의 시작은 0부터 입니다. 문자열의 인덱스 사용법은 02-3절의 56쪽을 참고하기 바랍니다.

❸ print(color[4]) 는 리스트 color의 인덱스 4인 요소 'white'를 화면에 출력합니다.

❹ print(color[1:4]) 는 리스트의 인덱스 1의 요소('green') ~ 3번째 요소('black')까지의 요소로 구성된 리스트, 즉 ['green', 'blue', 'black']을 화면에 출력합니다.

> color[1:4]에서 4번째 요소는 포함되지 않는다는 것에 유의하기 바랍니다.

리스트를 생성하는 형식은 다음과 같습니다.

서식

리스트명 = [*데이터*, *데이터*, *데이터*, ...]

데이터, *데이터*, ... 로 구성된 *리스트명*의 리스트를 생성합니다. 여기서 *데이터*는 정수형과 실수형의 숫자, 문자열 등의 다양한 형태를 가질 수 있습니다.

2 list()와 range()로 홀수 리스트 만들기

range() 함수를 이용하여 1에서 20까지의 정수 중 홀수의 리스트를 만드는 프로그램을 작성해 봅시다.

예제 5-2. list()와 range() 함수로 리스트 생성하기 05/ex5-2.py

```
❶ num = list(range(1,21, 2))

❷ print(num)
❸ print(num[3:7])
```

실행결과

```
[1, 3, 5, 7, 9, 11, 13, 15, 17, 19]
[7, 9, 11, 13]
```

❶ range(1, 21, 2)는 1, 3, 5, … 19의 값을 가집니다. 여기에 list() 함수를 적용하여 변수 num에 저장하면 num은 [1, 3, 5, 7, …, 19]의 값을 갖는 리스트가 됩니다.

❷ 실행 결과의 첫 번째 줄에 나타난 것과 같이 리스트 num을 출력합니다.

❸ 실행 결과의 두 번째 줄에 나타난 것과 같이 리스트 num의 인덱스 3에서 6까지의 요소 값인 [7, 9, 11, 13]을 출력합니다.

list()와 range() 함수를 이용하여 리스트를 생성하는 형식은 다음과 같습니다.

서식

리스트명 = list(range(*시작값, 종료값, 증가(또는 감소)*))

range() 함수의 *시작값, 종료값, 증가(또는 감소)*의 입력 값들에 의해 지정되는 범위의 수들로 구성된 리스트를 생성하여 *리스트명*에 저장합니다.

ⓘ range() 함수에 대한 자세한 설명은 4장 132쪽 참고하기 바랍니다.

3 for문에서 리스트 사용하기

다음 예제를 통하여 for문에서 리스트를 활용하는 방법에 대해 알아 봅시다.

예제 5-3. for문에서 리스트 사용하기 05/ex5-3.py

```
❶ colors = ["빨간색", "파란색", "노란색", "검정색", "초록색"]

❷ for color in colors :
❸     print("나는 %s을 좋아합니다." % color)
```

실행결과

```
나는 빨간색을 좋아합니다.
나는 파란색을 좋아합니다.
나는 노란색을 좋아합니다.
나는 검정색을 좋아합니다.
나는 초록색을 좋아합니다.
```

❶ 5개의 문자열 '빨간색', '파란색', '노란색', '검정색', '초록색'을 요소로 하는 리스트 colors를 생성합니다.

❷ for 루프의 각 반복에서 사용되는 변수 color는 리스트 colors의 각각의 요소 값을 가집니다.

❸ 리스트 colors의 요소가 5개이기 때문에 ❸의 문장은 5번 반복 수행됩니다. print() 함수를 이용하여 실행 결과에 나타난 것과 같이 화면에 출력합니다.

for문에서 리스트를 사용하는 기본 형식은 다음과 같습니다.

서식

for *변수* in *리스트명* :

여기서 *변수*는 *리스트명*의 각 요소 값을 가지고 반복 루프가 진행 됩니다.

4 while문에서 리스트 사용하기

다음 예제를 통하여 while문을 이용하여 리스트의 각 요소를 화면에 출력하는 방법에 대해 알아봅시다.

예제 5-4. while문에서 리스트 사용하기 05/ex5-4.py

```
❶ animals = ["사자", "호랑이", "사슴", "곰"]

❷ i = 0
❸ while i < len(animals) :
❹     print(animals[i])

❺     i += 1
```

실행결과

```
사자
호랑이
사슴
곰
```

❶ '사자', '호랑이', '사슴', '곰'의 문자열 요소를 가진 리스트 animals를 생성합니다.

❷ while 루프에서 사용될 변수 i를 0으로 초기화 합니다.

❸ len(animals)는 리스트 animals의 길이인 4의 값을 갖습니다. 따라서 while 루프는 변수 i가 4 보다 작은 동안 반복됩니다. 즉, 변수 i가 0, 1, 2, 3 값을 가지고 ❹와 ❺의 문장이 4번 반복 수행됩니다.

위에서 리스트의 길이를 구하기 위해 사용된 len()함수의 형식은 다음과 같습니다.

서식

len(*리스트명*)

len() 함수는 *리스트명*에 명시된 리스트의 길이를 구합니다.

❗ 리스트의 길이를 구하는 데 사용된 len() 함수는 62쪽에서 배운 것과 같이 문자열의 길이를 구하는 데도 사용됩니다.

④ 이 문장이 4회 반복되어 실행 결과와 같이 4개의 문자열이 화면이 출력됩니다. 반복 루프에서 사용되는 animals[0]은 리스트 animals의 0번째 요소인 '사자'가 됩니다. 그리고 animals[1], animals[2], animals[3]은 각각 문자열 '호랑이', '사슴', '곰'의 값을 가집니다.

⑤ 변수 i의 값을 1만큼 증가시킵니다.

Quiz 5-1 리스트 요소 추출과 길이 구하기

1. 다음은 리스트의 인덱스를 이용하여 리스트의 일부 요소를 화면에 출력하는 프로그램입니다. 프로그램의 실행 결과는?

```
>>> a = [37, 888, -273, 'kim', 'hwang', 66.77]
>>> print(a[2:4])
```

❶ [37, 888]　❷ [-273, 'kim', 'hwang', 66.77]

❸ [-273, 'kim']　❹ [888, -273, 'kim', 'hwsnag']

2. 다음은 리스트의 길이를 구하는 프로그램입니다. 프로그램의 실행 결과는?

```
>>> c = [ 89, 78, 99, 33, 77, 99, 88 ]
>>> print(len(c))
```

❶ 7　❷ 4　❸ 5　❹ 6

퀴즈 정답은 176쪽에서 확인하세요

Section 05-2 리스트 요소 추가와 삭제

생성된 리스트에 요소를 추가하려면 append() 함수를 이용하고 리스트에서 요소를 삭제하는 데에는 remove() 함수를 사용합니다. 덧셈 기호(+)를 리스트에 사용하면 두 개 또는 여러 개의 리스트를 하나로 합칠 수 있습니다.

이번 절에서는 리스트에 요소를 추가하고 삭제하는 방법과 두 개 이상의 리스트를 병합하는 방법에 대해 알아봅니다.

1 리스트에 요소 추가

append() 함수를 이용하면 리스트 제일 뒤에 새로운 요소를 추가할 수 있습니다.

예제 5-5. append() 함수로 요소 추가하기 05/ex5-5.py

```
flower = ["무궁화", "장미", "개나리"]
print(flower)

flower.append("벚꽃")
print(flower)
```

실행결과

```
['무궁화', '장미', '개나리']
['무궁화', '장미', '개나리', '벚꽃']
```

서식

리스트명.append(*데이터*)

append() 함수는 *리스트명*의 뒤에 점('.') 다음에 사용합니다. *리스트명* 요소의 제일 뒤에 *데이터*의 요소를 추가합니다.

이번에는 키보드로 반복해서 입력 받은 점수를 빈 리스트에 하나씩 추가하는 다음의 예제를 살펴 봅시다.

예제 5-6. 입력 점수를 반복해서 리스트에 추가하기 05/ex5-6.py

```
❶ scores = []

❷ while True :
❸     score = int(input("성적을 입력하세요(종료 시 -1 입력) : "))

❹     if score == -1 :
❺         break
❻     else :
❼         scores.append(score)

❽ print(scores)
```

실행결과

```
성적을 입력하세요(종료 시 -1 입력) : 86
성적을 입력하세요(종료 시 -1 입력) : 78
성적을 입력하세요(종료 시 -1 입력) : 97
성적을 입력하세요(종료 시 -1 입력) : 82
성적을 입력하세요(종료 시 -1 입력) : 68
성적을 입력하세요(종료 시 -1 입력) : -1
[86, 78, 97, 82, 68]
```

❶ 리스트의 요소가 없는 빈 리스트 scores를 생성합니다.

❷ while의 조건식이 참(Ture)이기 때문에 ❸~❼의 문장이 반복 수행됩니다.

❸ 키보드로 입력 받은 성적을 정수로 변환하여 변수 score에 저장합니다.

❹ if의 조건식에 있는 변수 score가 -1 이면, 즉 ❸에서 입력된 값이 -1이면 ❺의 break문이 수행됩니다.

ⓘ 입력 종료를 의미하는 -1은 임의로 선정한 값입니다.

❺ break에 의해 while 루프를 벗어납니다.

❻ 그렇지 않으면, 즉 if의 조건식이 거짓이면 ❼의 문장을 수행합니다.

❼ 리스트 scores의 append() 함수에 의해 변수 score의 값, 즉 키보드에서 입력 받은 성적을 리스트 scores의 제일 뒤에 추가합니다.

❽ 실행 결과의 마지막 줄에 나타난 것과 같이 리스트 scores를 화면에 출력합니다.

2 리스트 요소 합치기

두 개 이상의 리스트를 서로 합치려면 문자열을 합칠 때와 마찬가지로 덧셈 기호(+)를 사용해야 합니다.

다음 예제를 통하여 두 리스트를 하나로 합치는 방법을 익혀 봅시다.

예제 5-7. 리스트 요소 합치기 05/ex5-7.py

```
person1 = ["kim", 24, "kim@naver.com"]
person2 = ["lee", 35, "lee@hanmail.net"]

❶ person = person1 + person2
❷ print(person)
```

실행결과

```
['kim', 24, 'kim@naver.com', 'lee', 35, 'lee@hanmail.net']
```

❶ 덧셈 기호(+)를 이용하여 리스트 person1과 person2를 하나로 합쳐서 리스트 person에 저장합니다.

❷ print()로 리스트 person을 화면에 출력하면 실행 결과와 같이 됩니다.

덧셈 기호(+)로 리스트를 합치는 형식은 다음과 같습니다.

서식

리스트명 = *리스트1* + *리스트2* + ...

오른쪽의 *리스트1*, *리스트2*, … 를 하나로 합쳐서 *리스트명*에 저장합니다.

3 리스트에서 요소 삭제하기

리스트에 존재하는 요소를 삭제하는 방법 중 가장 많이 사용하는 것이 remove() 함수입니다. 다음 예제를 통하여 remove() 함수를 이용하여 요소를 삭제하는 방법에 대해 알아 봅시다.

예제 5-8. 리스트 요소 삭제하기 05/ex5-8.py

```
member = ["안지영", 20, "경기도 김포시", "jiwoang@codingschool.info", \
        "123-1234-5678"]
print(member)

❶ member.remove(20)
❷ print(member)
```

실행결과

```
['안지영', 20, '경기도 김포시', 'jiwoang@codingschool.info', '123-1234-5678']
['안지영', '경기도 김포시', 'jiwoang@codingschool.info', '123-1234-5678']
```

❶ 리스트 member의 remove() 함수는 리스트의 요소를 삭제할 때 사용합니다. member.remove(20)은 리스트 member의 요소 중 20의 값을 가진 요소를 삭제합니다.

❷ 실행 결과의 2번째 줄을 보면 원래 리스트 member의 요소 20이 삭제되어 있음을 확인할 수 있습니다.

remove() 함수의 형식은 다음과 같습니다.

서식

리스트명.remove(*데이터*)

remove() 함수는 *리스트명*의 뒤에 점('.') 다음에 사용합니다. *리스트명*에서 요소의 값이 *데이터*인 요소를 삭제합니다.

퀴즈 5-1 정답 : 1. ❸ 2. ❶

Section 05-3

2차원 리스트

2차원 리스트는 리스트의 각 요소의 각각이 하나의 리스트 형태를 가집니다. 하나의 예로써 5명의 국어, 영어, 수학 성적을 저장하는 리스트를 생각해 봅시다.

```
scores = [[75, 83, 90], [86, 86, 73], [76, 95, 83], [89, 96, 69], [89, 76, 93]]
```

위의 2차원 리스트 scores에는 리스트 형태로 된 5개 요소들이 있고, 그 각각의 요소들 또한 리스트 형태로 이루어진 3개의 정수형 데이터를 가지고 있습니다.

이번 절에서는 2차원 리스트의 기본 구조와 2차원 리스트를 반복문에서 활용하는 방법을 익혀봅시다.

1 2차원 리스트 구조

다음 예제를 통하여 2차원 리스트의 기본 구조를 알아보고 인덱스를 이용하여 2차원 리스트의 각 요소에 접근하는 방법을 익혀 봅시다.

예제 5-9. 리스트 요소 삭제하기 05/ex5-9.py

```
❶ numbers = [[10, 20, 30], [40, 50, 60, 70, 80]]


❷ print(numbers[0][0])
   print(numbers[0][1])
   print(numbers[0][2])
```

```
❸ print(numbers[1][0])
   print(numbers[1][1])
   print(numbers[1][2])
   print(numbers[1][3])
   print(numbers[1][4])
```

실행결과

```
10
20
30
40
50
60
70
80
```

❶ 리스트의 각 요소가 리스트 형 데이터인 [10, 20, 30]과 [40, 50, 60, 70, 80]으로 구성된 2차원 리스트 numbers를 만듭니다.

❷ numbers[0]은 리스트 numbers의 인덱스 0이 가리키는 요소, 즉 [10, 20, 30]을 의미합니다. 따라서 numbers[0][0]은 10, numbers[0][1]은 20, numbers[0][2]는 30의 값을 갖게 됩니다.

❸ 같은 맥락에서 numbers[1]은 리스트 numbers의 인덱스 1이 지시하는 요소, 즉 [40, 50, 60, 70, 80]의 값을 가집니다. 따라서 numbers[1][0]은 40, numbers[1][1]은 50, …, numbers[1][4]는 80의 값을 가집니다.

2차원 리스트의 사용 형식은 다음과 같습니다.

서식

리스트명 = [[데이터, 데이터,….], [데이터, 데이터, …], … , [데이터, 데이터, ….]]

2차원 리스트에서는 *리스트명*의 각 요소가 *[데이터, 데이터,....]*의 형태를 가지는 리스트가 됩니다. 여기서 *데이터*는 정수형과 실수형 숫자, 문자열 등의 다양한 데이터 형태를 가질 수 있습니다.

2 2차원 리스트와 이중 for문

앞 예제 5-9의 2차원 리스트 numbers의 요소들을 읽기 위해 이중 for문을 이용하여 봅시다.

예제 5-10. 2차원 리스트와 이중 for문 사용 예 05/ex5-10.py

```
❶ numbers = [[10, 20, 30], [40, 50, 60, 70, 80]]

❷ for i in range(len(numbers)) :
❸     for j in range(len(numbers[i])) :
❹         print('numbers[%d][%d] = %d' % (i, j, numbers[i][j]))
```

실행결과

```
numbers[0][0] = 10
numbers[0][1] = 20
numbers[0][2] = 30
numbers[1][0] = 40
numbers[1][1] = 50
numbers[1][2] = 60
numbers[1][3] = 70
numbers[1][4] = 80
```

❶ [10, 20, 30]과 [40, 50, 60, 70, 80]으로 구성된 2차원 리스트 numbers를 만듭니다.

② len(numbers)는 리스트 numbers의 길이를 의미하기 때문에 2가 됩니다. for 루프 내의 변수 i는 0과 1의 값을 가집니다. 따라서 for 루프의 1번째 반복에서는 변수 i가 0의 값을 갖고 ❸과 ❹의 문장를 수행됩니다.

③ ❷의 1번째 반복, 즉 i가 0일 때 len(number[i])는 len(numbers[0])이 됩니다. numbers[0]은 [10, 20, 30]의 값을 가지기 때문에 len(numbers[0])은 3이 됩니다. 따라서 이 for 루프에서의 변수 j는 0, 1, 2의 값을 가지면서 ❹의 문장을 반복 수행합니다.

④ i가 0값을 가질 때 j는 0, 1, 2의 값을 가집니다. ❷의 i가 1일 때 ❸의 j 값은 0, 1, 2, 3, 4가 됩니다. print() 함수에 의해 주어진 포맷대로 변수 i, j, numbers[i][j]를 출력하면 실행 결과와 같이 됩니다.

3 2차원 리스트로 합계/평균 구하기

2차원 리스트를 이용하여 5명의 세 과목 성적의 합계와 평균을 구하는 프로그램을 작성해 봅시다.

예제 5-11. 2차원 리스트로 합계/평균 구하기 05/ex5-11.py

```
① scores = [[75, 83, 90], [86, 86, 73], [76, 95, 83], [89, 96, 69], [89, 76, 93]]

② for i in range(len(scores)) :
③     sum = 0
④     for j in range(len(scores[i])) :
⑤         sum = sum + scores[i][j]

⑥     avg = sum/len(scores[i])

⑦     print("%d번째 학생의 합계 : %d, 평균 : %.2f" % (i+1, sum, avg) )
```

실행결과

```
1번째 학생의 합계 : 248, 평균 : 82.67
2번째 학생의 합계 : 245, 평균 : 81.67
3번째 학생의 합계 : 254, 평균 : 84.67
4번째 학생의 합계 : 254, 평균 : 84.67
5번째 학생의 합계 : 258, 평균 : 86.00
```

먼저 실행 결과의 1번째 학생(❶의 변수 i가 0일 때)의 합계와 평균을 구하는 과정을 설명합니다.

❶ 5명의 세 과목 성적을 2차원 리스트 scores에 저장합니다.

❷ len(scores)는 리스트 scores 길이인 5가 됩니다. 이 for 루프에서 변수 i는 0, 1, 2, 3, 4의 값을 가지면서❸~❼의 문장이 반복수행 됩니다.

❸ 합계를 나타내는 변수 sum을 0으로 초기화 합니다.

❹ ❷의 반복 루프에서 첫 번째, 즉 i가 0일 때 len(scores[i])의 값은 3입니다. 따라서 변수 j의 값은 0, 1, 2 값을 가지면서 의 문장이 반복 수행됩니다.

❺ i가 0일 때, 이 문장이 세 번 반복(j는 0, 1, 2)되면, 첫번째 학생의 세 과목 성적의 합계 sum이 구해집니다.

❻ i가 0일 때, len(scores[i])는 3이 됩니다. sum을 3으로 나눈 평균 값을 avg에 저장합니다.

❼ i가 0일 때, 실행 결과의 1번째 줄에 나타난 것과 같이 print() 함수에서 지정된 포맷대로 1번째 학생(i가 0의 값을 가짐)의 합계와 평균이 화면에 출력됩니다.

같은 방법으로 나머지 4명의 학생들에 대한 성적의 합계와 평균이 구해져 실행 결과에 나타난 것과 같이 화면에 그 결과가 출력됩니다.

4 2차원 리스트로 문자열 다루기

문자열로 구성된 2차원 리스트를 만들고 이중 for문으로 문자열을 출력하는 프로그램을 작성해 봅시다.

예제 5-12. 2차원 리스트로 문자열 다루기 05/ex5-12.py

```
❶ strings = [["잠자리", "풍뎅이", "여치"], ["짜장면", "파스타", "피자", "국수"]]

❷ for i in range(len(strings)) :
❸     for j in range(len(strings[i])) :
❹         print(strings[i][j])

❺     print()
```

실행결과

```
잠자리
풍뎅이
여치

짜장면
파스타
피자
국수
```

❶ ['잠자리', '풍뎅이', '여치']와 ['짜장면', '파스타', '피자', '국수']를 요소로 하는 리스트 strings를 생성합니다.

❷ len(strings)는 2가 됩니다. 이 for 루프에서 변수 i는 0, 1의 값을 가지면서 ❸~❺의 문장들이 반복 수행 됩니다.

③ i가 0일 때 len(strings[0])은 3이 되어 ❹의 문장이 세 번 반복 수행되고, i가 1일 때는 len(strings[1])은 4가 되기 때문에 ❹의 문장이 네 번 반복 수행됩니다.

④ 실행 결과에 나타난 것과 같이 문자열을 화면에 출력합니다.

⑤ print()는 빈 줄 하나를 삽입합니다.

코딩미션 M-00016

점수 등급(수/우/미/양/가)에 따른 인원 수 세기

Mission

다음은 리스트를 이용하여 20명 학생의 성적에 대해 각 등급(수, 우, 미, 양, 가)에 해당되는 학생이 몇 명인지를 세는 프로그램입니다. 빈 박스 안을 채워서 프로그램을 완성해 보세요.

실행결과

```
수 : 3명
우 : 6명
미 : 3명
양 : 4명
가 : 4명
```

```
score = [64, 89, 100, 85, 77, 58, 79, 67, 96, 87,\
        87, 36, 82, 98, 84, 76, 63, 69, 53, 22]

count_su = 0          # 90점 ~ 100점
count_woo = 0         # 80점 ~ 89점
count_mi = 0          # 70점 ~ 79점
count_yang = 0        # 60점 ~ 69점
count_ga = 0          # 0점  ~ 59점
```

```
i = 0
while i < len(score) :
    if [      ]>= 90 and [      ]<=100 :
        count_su += 1

    if [      ]>= 80 and [      ]<= 89 :
        [        ]+= 1

    if [      ]>= 70 and [      ]<= 79 :
        count_mee += 1

    if [      ]>= 60 and [      ]<= 69 :
        [        ]+= 1

    if [      ]>= 0 and [      ]<= 59 :
        count_ga += 1

    i += 1

print("수 : %d명" % count_su)
print("우 : %d명" % count_woo)
print("미 : %d명" % count_mi)
print("양 : %d명" % count_yang)
print("가 : %d명" % count_ga)
```

정답은 코딩스쿨(http://codingschool.info)에서 볼 수 있습니다.

코딩미션
M-00017

영화관 좌석 예약 가능 표시하기

Mission

리스트를 이용하여 영화관의 예약 가능한 좌석에는 '□', 예약 불가능한 좌석은 '■'이라고 표시하려고 합니다. 빈 박스 안을 채워서 프로그램을 완성해 보세요.

실행결과

```
 □ □ □ □ □ □ □ □ □ □
 □ □ □ □ □ □ □ □ □ □
 □ □ □ □ □ □ □ □ □ □
 ■ ■ ■ □ □ □ □ □ ■ □
 □ □ □ □ □ ■ □ □ □ □
 □ ■ □ □ □ ■ □ ■ □ □
 □ □ □ □ □ □ ■ □ □ □
 ■ □ ■ □ □ □ □ □ □ ■
```

```
seats = [[0, 0, 0, 0, 0, 0, 0, 0, 0, 0],
         [0, 0, 0, 0, 0, 0, 0, 0, 0, 0],
         [0, 0, 0, 0, 0, 0, 0, 0, 0, 0],
         [1, 1, 1, 0, 0, 0, 0, 0, 1, 0],
         [0, 0, 0, 0, 0, 1, 0, 0, 0, 0],
         [0, 1, 0, 0, 0, 1, 0, 1, 0, 0],
         [0, 0, 0, 0, 0, 0, 1, 0, 0, 0],
         [1, 0, 1, 0, 0, 0, 0, 0, 0, 1]]

for i in range(len(seats)) :
    for j in range(len([        ])) :
        if [            ]== 0 :
            print("%3s" % "□", end="")
        else :
            print("%3s" % "■", end="")
    print()
```

정답은 코딩스쿨(http://codingschool.info)에서 볼 수 있습니다.

연습문제 5장. 리스트

Q5-1. 다음은 리스트를 이용하여 영어 스펠링 퀴즈를 만드는 프로그램입니다. 빈 칸을 채워보세요.

```
실행결과
tr_in 에서 밑줄(_) 안에 들어갈 알파벳은?e
틀렸습니다!
b_s 에서 밑줄(_) 안에 들어갈 알파벳은?u
정답입니다!
_axi 에서 밑줄(_) 안에 들어갈 알파벳은?t
정답입니다!
air_lane 에서 밑줄(_) 안에 들어갈 알파벳은?d
틀렸습니다!
```

```
questions = ["tr_in", "b_s", "_axi", "air_lane"]
answers   = ["a", "u", "t","p"]

for i in range( (1)____________(questions)) :
    q = "%s 에서 밑줄(_) 안에 들어갈 알파벳은?" % (2)____________
    ans = input(q)

    if    == (3)____________  :
        print("정답입니다!")
    else :
        print("틀렸습니다!")
```

Q5-2. 다음은 for문을 이용하여 키보드로 입력받은 성적의 합계와 평균을 구하는 프로그램입니다. **빈 칸을 채워보세요.**

실행결과

```
성적을 입력하세요(종료 시 -1 입력) : 78
성적을 입력하세요(종료 시 -1 입력) : 93
성적을 입력하세요(종료 시 -1 입력) : 87
성적을 입력하세요(종료 시 -1 입력) : 85
성적을 입력하세요(종료 시 -1 입력) : 70
성적을 입력하세요(종료 시 -1 입력) : 88
성적을 입력하세요(종료 시 -1 입력) : -1
합계 : 501, 평균 : 83.50
```

```
scores = []
while True :
    x = int(input("성적을 입력하세요(종료 시 -1 입력) : "))

    if x == -1 :
        break
    else :
        scores.(1)____________

sum = 0
for score in scores :
    sum += (2)____________

avg = sum / (3)____________
print("합계 : %d, 평균 : %.2f" % (sum, avg))
```

연습문제 정답은 책 뒤 부록에 있어요.

06

Chapter 06

튜플과 딕셔너리

6장에서는

06-1 튜플
06-2 딕셔너리

리스트와 유사한 데이터 형인 튜플과 딕셔너리에 대해 알아 봅니다. 튜플의 사용법은 리스트와 거의 동일하지만 튜플에서는 리스트와는 달리 요소의 추가, 삭제, 수정 등이 불가능합니다. 그리고 딕셔너리에서는 각 요소가 하나의 데이터가 아니라 두 개의 데이터(키와 값)로 구성됩니다. 이번 장에서는 튜플과 딕셔너리의 구조와 활용법에 대해 배웁니다.

Section 06-1 튜플

파이썬에서 튜플(Tuple)은 리스트와 많은 부분이 유사하고 사용법도 거의 같습니다. 튜플과 리스트의 차이점은 다음의 두 가지로 볼 수 있습니다.

1. 튜플에서는 리스트의 대괄호([ ]) 대신에 소괄호(())를 사용
2. 튜플에서는 리스트와는 달리 요소들의 수정과 추가가 불가

이번 절을 통하여 튜플의 사용법에 대해 익혀 봅시다.

1 튜플로 음식점 메뉴 만들기

튜플을 이용하여 음식점의 메뉴를 저장하는 간단한 실습을 해봅시다.

예제 6-1. 튜플을 이용한 음식점 메뉴 관리 06/ex6-1.py

```
① menu = ("짜장면", "우동", "짬뽕", "볶음밥")

② print(menu)
③ print(menu[0])
④ print(menu[2])
⑤ print(menu[0:3])

⑥ menu[1] = "사천탕면"
```

실행결과

```
('짜장면', '우동', '짬뽕', '볶음밥')
짜장면
짬뽕
('짜장면', '우동', '짬뽕')
Traceback (most recent call last):
  File "E:\스타트_파이썬_개정판\source\06\ex6-1.py", line 8, in <module>
    menu[1] = "사천탕면"
TypeError: 'tuple' object does not support item assignment
```

❶ 문자열 '짜장면', '우동', '짬뽕', '볶음밥'을 요소로 하는 튜플 menu를 생성합니다. 튜플에서는 소괄호(())로 전체 요소들을 감쌉니다.

❷ print(menu)는 튜플 menu를 실행 결과의 1번째 줄에 나타난 것과 같이 화면에 출력합니다.

❸ menu[0]은 튜플 menu의 0번째 요소인 '짜장면'을 의미하기 때문에 print(menu[0])은 실행 결과의 2번째 줄에 나타난 것과 같이 '짜장면'을 출력합니다.

✔ 문자열과 리스트에서와 마찬가지로 튜플 요소의 인덱스도 0부터 시작합니다.

❹ print(menu[2])는 실행 결과의 3번째 줄에 나타난 것과 같이 '짬뽕'을 출력합니다.

❺ print(menu[0:3])는 인덱스 0번째 ~ 2번째(3번째는 포함되지 않음)의 요소로 구성된 튜플 ('짜장면', '우동', '짬뽕')을 실행 결과의 4번째 줄에 나타난 것과 같이 출력합니다.

❻ menu[1] = '사천탕면'에서와 같이 '사천탕면'을 튜플의 1번째 요소 menu[1]에 저장하려고 하면 실행 결과의 마지막 줄에서와 같이 빨간색의 오류 메시지가 표시됩니다. 튜플에서는 요소의 항목을 수정할 수 없기 때문에 이와 같은 오류 메시지가 발생하는 것입니다.

위에서 사용된 튜플을 생성하는 형식은 다음과 같습니다.

서식

튜플명 = (데이터, 데이터, 데이터, ...)

위의 서식에서 *데이터*는 정수형과 실수형의 숫자, 문자열 등의 다양한 형태의 데이터가 사용될 수 있습니다.

2 튜플 합치기

다음 예제를 통하여 튜플을 합치고 길이를 구하는 방법에 대해 알아 봅시다.

예제 6-2. 두 튜플을 합치고 길이 구하기 06/ex6-2.py

```
❶ tup1 = (10,20,30)
❷ tup2 = (40,50,60)

❸ tup3 = tup1 + tup2

❹ print(tup3)
❺ print(len(tup3))
```

실행결과

```
(10, 20, 30, 40, 50, 60)
6
```

❶ 10, 20, 30을 요소로 하는 튜플 tup1을 생성합니다.

❷ 40, 50, 60을 요소로 하는 튜플 tup2을 생성합니다.

❸ 연결 연산자 +를 이용하여 튜플 tup1과 tup2를 합쳐서 튜플 tup3에 저장합니다.

❹ print(tup3)는 실행 결과의 1번째 줄에 나타난 것과 같이 (10, 20, 30, 40, 50, 60)을 화면에 출력합니다.

❺ len(tup3)은 튜플 tup3의 길이인 6의 값을 가집니다.

연결 연산자를 이용하여 튜플을 합치는 데 사용되는 서식은 다음과 같습니다.

서식

튜플명 = *튜플1* + *튜플2* + *튜플3* + ...

연결 연산자 +를 이용하여 튜플1, 튜플2, 튜플3, … 등을 하나로 합쳐서 튜플명에 저장합니다.

len() 함수를 이용하여 튜플의 길이를 구하는 서식은 다음과 같습니다.

서식

len(*튜플명*)

len() 함수는 *튜플명*에 명시된 튜플의 길이를 구합니다.

Quiz 6-1 튜플과 요소의 길이

1. 튜플에 대한 설명으로 바르지 않은 것은?

❶ 원소의 값을 읽기만 할 수 있다.

❷ 리스트와 유사하다.

❸ 각 원소를 소괄호(( ))로 감싼다.

❹ 튜플에서는 원소의 값을 변경할 수 있다.

2. 다음은 두 개의 튜플을 합친 다음 튜플의 요소와 길이를 화면에 출력하는 프로그램입니다. 프로그램의 실행 결과는?

```
>>> menu1 = ('짜장면', '짬뽕', '볶음밥')
>>> menu2 = ('파스타', '피자')
>>> menu = menu1 + menu2
>>> print(len(menu))
```

❶ 3　　❷ 6　　❸ 4　　❹ 5

퀴즈 정답은 202쪽에서 확인하세요

Section
06-2

딕셔너리

파이썬의 딕셔너리(Dictionary)는 자료를 찾는 인덱스를 의미하는 '키'와 자료의 내용인 '값'을 이용하여 자료를 관리합니다. 딕셔너리에서는 다음과 같이 요소들을 중괄호인 { }로 감쌉니다.

```
score = {'kor':90, 'eng':89, 'math':95}
member = {'name':'홍길동', 'age':18, 'phone':'01037873146'}
```

1 딕셔너리 기본 구조

다음 예제를 통하여 딕셔너리의 기본 구조에 대해 알아 봅시다.

예제 6-3. 딕셔너리의 기본 구조 06/ex6-3.py

```
❶ members = {"name": "황서영", "age": 22, "email": "hwang@naver.com"}

❷ print(members)
❸ print(members["name"])
❹ print(members["age"])

❺ print("길이 : %d" % len(members))
```

실행결과

```
{'name': '황서영', 'age': 22, 'email': 'hwang@naver.com'}
황서영
22
길이 : 3
```

❶ 딕셔너리 members를 생성합니다. 여기서 'name', 'age', 'email'을 딕셔너리의 '키'라고 부르고 '황서영', 22, 'hwang@naver.com'를 '값'이라고 합니다. 이와 같이 딕셔너리는 키와 값으로 구성됩니다.

❷ print(members)는 실행 결과에 나타난 것과 같이 딕셔너리 members를 화면에 출력합니다.

❸ members['name']은 키 'name'에 대응되는 값인 '황서영'을 의미합니다. 따라서 print(members['name'])은 실행 결과에서와 같이 '황서영'을 출력합니다.

❹ members['age']는 실행 결과에 나타난 것과 같이 키 'age'에 대응되는 값인 22를 가집니다.

❺ len(members)는 딕셔너리 members의 길이인 3의 값을 가집니다.

위에서 딕셔너리 생성에 사용된 서식은 다음과 같습니다.

서식

딕셔너리명 = { *키* : *값*, *키* : *값*, ... }

딕셔너리에서는 *키와 값*으로 구성된 전체 요소들을 중괄호({})로 감싼 다음 *딕셔너리명*에 저장함으로써 딕셔너리가 생성됩니다.

2 딕셔너리 요소의 추가/수정/삭제

다음 예제를 통하여 딕셔너리의 기본 구조에 대해 알아 봅시다.

예제 6-4. 딕셔너리 요소 추가/수정/삭제하기 06/ex6-4.py

```
❶ name = "홍지수"
❷ scores = {"kor": 90, "eng": 89, "math": 95, "science": 88}
❸ print(scores)

❹ scores["kor"] = 70
   print(scores["kor"])

❺ scores["music"] = 100
   print(scores)

❻ del scores["science"]
   print(scores)

❼ print("이름 : %s" % name)
   print("국어 : %s" % scores["kor"])
   print("영어 : %s" % scores["eng"])
   print("수학 : %s" % scores["math"])
```

실행결과

```
{'kor': 90, 'eng': 89, 'math': 95, 'science': 88}
70
{'kor': 70, 'eng': 89, 'math': 95, 'science': 88, 'music': 100}
{'kor': 70, 'eng': 89, 'math': 95, 'music': 100}
이름 : 홍지수
국어 : 70
영어 : 89
수학 : 95
```

❶ 변수 name에 '홍지수'를 저장합니다.

❷ 네 과목(국어, 영어, 수학, 과학)에 대해 과목명과 성적을 키와 값으로 하는 딕셔너리 scores를 생성합니다.

❸ 딕셔너리 scores를 실행 결과의 1번째 줄에서와 같이 출력합니다.

❹ 국어 성적을 의미하는 요소 scores['kor']에 70을 저장한 다음 실행 결과의 2번째 줄에 나타난 것과 같이 70을 출력합니다.

❺ 음악 성적을 의미하는 요소 scores['music']에 100을 저장합니다. ❷에서 생성한 딕셔너리 scores에서는 'music' 키가 존재하지 않기 때문에 'music' 키와 대응되는 값 100이 딕셔너리의 새로운 요소로 추가됩니다. 실행 결과의 3번째 줄을 보면 딕셔너리 scores에 새로운 요소인 'music': 100이 추가된 것을 확인할 수 있습니다.

❻ del scores['science']는 'science' 키와 값을 삭제합니다. 실행 결과의 4번째 줄을 보면 'science': 88이 삭제되어 있는 것을 확인 할 수 있습니다.

❼ 학생의 이름과 세 과목의 성적을 출력하면 실행 결과의 5~8번째 줄과 같이 됩니다.

딕셔너리의 요소를 수정(또는 추가)하는 서식은 다음과 같습니다.

서식

딕셔너리명[키] = 값

*딕셔너리명*에 키가 존재하면 해당 키의 값을 수정하고 그렇지 않고 *딕셔너리명*에 키가 존재하지 않으면 *딕셔너리명*에 새로운 요소를 추가합니다.

딕셔너리의 요소를 삭제하는 서식은 다음과 같습니다.

서식

del 딕셔너리명[키]

del 명령은 *딕셔너리명*에서 키를 가진 요소를 찾아 해당 요소의 키와 값을 삭제합니다.

3 딕셔너리에 for문 사용하기

다음 예제를 통해 for문을 이용하여 딕셔너리의 키와 값을 읽는 방법에 대해 알아 봅시다.

예제 6-5. 휴대폰 모델과 출시년도 알아보기 06/ex6-5.py

```
❶ phones = {"Z 플립": 2021, "노트 20": 2020, "A03": 2021,  "S9": 2018}
   print(phones)

❷ for key in phones :
❸     print("%s => %s" % (key, phones[key]))

❹ print(len(phones))
```

실행결과

```
{'Z 플립': 2021, '노트 20': 2020, 'A03': 2021, 'S9': 2018}
Z 플립 => 2021
노트 20 => 2020
A03 => 2021
S9 => 2018
4
```

❶ 휴대폰 모델을 키, 출시년도를 값으로 하는 딕셔너리 phones를 생성한 다음 실행 결과의 1번째 줄에서와 같이 출력합니다.

❷ ❸의 문장은 딕셔너리 phones 요소의 개수 4이기 때문에 네 번 수행됩니다. 이 때 변수 key는 딕셔너리 phones의 키, 즉 'Z 플립', '노트 20', 'A03', 'S9' 값을 가집니다.

❸ 변수 key와 딕셔너리 phones[key]를 화면에 출력합니다. 이 문장은 ❷의 for 루프에 의해 네 번 반복수행 되어 실행 결과의 2~5번째 줄에서와 같은 결과를 출력합니다.

❹ len(phones)는 딕셔너리 phones의 길이인 4의 값을 가집니다.

for문에서 딕셔너리를 다루는 서식은 다음과 같습니다.

서식

```
for 변수명 in 딕셔너리명 :
    ...
    딕셔너리명[변수명]
    ...
```

여기서 for 루프에서 사용되는 *변수명*은 *딕셔너리명*의 키가 되고, *딕셔너리명*의 해당 키에 대응되는 값은 *딕셔너리명[변수명]*이 됩니다.

코딩미션 M-00018

딕셔너리로 정보 접근 제어하기

Mission

다음은 딕셔너리를 이용하여 웹의 관리자 정보를 저장한 다음 아이디와 비밀번호를 체크하여 정보 접근이 가능한 지를 체크하는 프로그램입니다. 빈 박스 안을 채워서 프로그램을 완성해 보세요.

실행결과 1

```
아이디를 입력하세요: admin
비밀번호를 입력하세요: 12345
모든 정보에 접근 권한이 있습니다!
```

실행결과 2

```
아이디를 입력하세요: rubato
비밀번호를 입력하세요: 12345
정보에 접근 권한이 없습니다!
```

```
ad = {"id":"admin", "password":"12345"}

in_id = input("아이디를 입력하세요: ")
in_password = input("비밀번호를 입력하세요: ")

if (in_id == [        ] and in_password == [             ]) :
    print("모든 정보에 접근 권한이 있습니다!")
else :
    print("정보에 접근 권한이 없습니다!")
```

정답은 코딩스쿨(http://codingschool.info)에서 볼 수 있습니다.

코딩미션 M-00019

딕셔너리로 영어 단어 퀴즈 만들기

Mission

다음은 딕셔너리를 이용하여 영어 단어 퀴즈를 만드는 프로그램입니다. 빈 박스 안을 채워서 프로그램을 완성해 보세요.

실행결과

```
<영어 단어 맞추기 퀴즈>
꽃에 해당되는 영어 단어를 입력해주세요: flower
정답입니다!
나비에 해당되는 영어 단어를 입력해주세요: fly
틀렸습니다!
학교에 해당되는 영어 단어를 입력해주세요: schol
틀렸습니다!
자동차에 해당되는 영어 단어를 입력해주세요: car
정답입니다!
비행기에 해당되는 영어 단어를 입력해주세요: airplane
정답입니다!
```

```
words = {"꽃":"flower", "나비":"butterfly", "학교":"school", "자동차":"car", \
 "비행기":"airplane"}

print("<영어 단어 맞추기 퀴즈>")

for kor in [      ]:
    in_word = input("%s에 해당되는 영어 단어를 입력해주세요: " % kor)

    if [      ] == [        ]:
        print("정답입니다!")
    else :
        print("틀렸습니다!")
```

정답은 코딩스쿨(http://codingschool.info)에서 볼 수 있습니다.

퀴즈 6-1 정답 : 1. ❹ 2. ❹

연습문제 6장. 튜플과 딕셔너리

Q6-1. 다음은 튜플을 이용하여 관리자 정보(아이디, 비밀번호, 이메일)를 저장한 다음 화면에 출력하는 프로그램입니다. 빈 칸을 채워 보세요.

실행결과

```
- 관리자 정보
아이디 : rubato
비밀번호 : 12345
이메일 : rubato@naver.com
```

```
admin = ("rubato", "12345", "rubato@naver.com")

print("- 관리자 정보")
print("아이디 : " + (1)____________)
print("비밀번호 : " + (2)____________)
print("이메일 : " + (3)____________)
```

Q6-2. 다음은 튜플을 이용하여 구단단 표를 만드는 프로그램입니다. 빈 칸을 채워보세요.

실행결과

```
구구단표
=====================================================
2단
2 x 1 = 2
```

```
2 x 2 = 4
2 x 3 = 6
...
------------------------------
3단
3 x 1 = 3
3 x 2 = 6
3 x 3 = 9
...
------------------------------
9단
...
9 x 7 = 63
9 x 8 = 72
9 x 9 = 81
------------------------------
```

```
dans = (2, 3, 4, 5, 6, 7, 8, 9)

print("구구단표")
print("=" * 50)

for dan in dans :
    print((1)_________ + "단")

    for i in range(1, (2)________) :
        print("%d x %d = %d" % (dan, i, (3)__________))
    print("-" * 30)
```

Q6-3. 다음은 딕셔너리를 이용하여 5명 학생들의 성적의 합계와 평균을 구하는 프로그램입니다. 빈 칸을 채워 보세요.

```
실행결과
김채린 : 85
박수정 : 98
함소희 : 94
안예린 : 90
연수진 : 93
합계 : 460, 평균 : 92.00
```

```
scores = {"김채린": 85, "박수정": 98, "함소희": 94, "안예린": 90, "연수진": 93}

sum = 0
for key in (1)__________ :
    sum = sum + (2)__________
    print("%s : %d" % (key, scores[key]))

avg = sum/(3)__________
print("합계 : %d, 평균 : %.2f" % (sum, avg))
```

연습문제 정답은 책 뒤 부록에 있어요.

07

Chapter 07
함수

7장에서는

앞의 실습에서 사용한 print(), input(), range(), int(), str() 등은 함수입니다. 함수는 어떤 역할을 수행하는 코드입니다. 이번 장에서는 함수를 정의하고 호출하는 방법을 배웁니다. 함수를 정의할 때 메인루틴에서 필요한 데이터나 변수를 정의 함수에 전달하는 매개변수의 사용법과 정의 함수에서 얻어진 결과 값을 호출한 함수 측에 반환하는 방법을 익힙니다. 또한 함수를 활용하여 파일을 읽고 쓰는 방법에 대해 알아봅니다.

Section
07-1

함수란?

파이썬을 포함한 많은 프로그래밍 언어에서 사용되는 함수(Function)는 수학에서의 '함수'의 개념과 '함수'의 영어 단어인 function이 가지는 '기능'이라는 의미를 모두 가집니다.

함수는 *함수명()*과 같은 형태로 쓰이는데 지금까지 우리가 사용해 온 print(), input(), range(), list(), append(), remove() 등은 모두 함수입니다. 또한 함수는 사용자가 그 기능을 정의해서 사용할 수도 있습니다.

이번 절에서는 함수란 무엇인지 알아보고 함수의 기본 구조와 종류에 대해 공부합니다.

1 함수 정의와 호출

다음 예제를 통해 함수의 기본 구조와 함수가 프로그램에서 어떻게 사용되는지 알아 봅시다.

예제 7-1. 함수로 '안녕하세요.' 출력하기 07/ex7-1.py

```
❶ def hello() :
       print("안녕하세요.")

❷ hello()
❸ hello()
❹ hello()
```

실행결과

```
안녕하세요.
안녕하세요.
안녕하세요.
```

❶ hello() 함수 정의

def는 'define'(정의하다)의 약어로 함수를 정의한다는 뜻입니다. hello()는 함수 이름을 의미하고 콜론(:) 다음 줄에 들여쓰기 되어 있는 문장은 함수의 기능을 뜻합니다. 정의된 함수 hello()는 '화면에 '안녕하세요.'를 출력'하는 기능을 수행합니다.

※ 함수를 정의한 ❶의 코드는 함수의 호출(❷, ❸, ❹)이 있기 전에는 실행되지 않습니다.

❷ hello() 함수 호출

hello()는 ❶에서 정의된 hello() 함수를 호출합니다. hello() 함수가 호출되면 ❶의 hello() 함수가 실행됩니다. 즉, print('안녕하세요.')의 문장이 수행됩니다. 그 결과 실행 결과에 나타난 것과 같이 '안녕하세요.'가 화면에 출력됩니다.

❸ hello() 함수 재호출

다시 hello() 함수를 호출합니다. 그러면 다시 ❶의 hello() 함수가 다시 실행되어 실행 결과에 나타난 것과 같이 '안녕하세요.'가 화면에 출력됩니다.

❹ hello() 함수 재호출

또 다시 hello() 함수를 호출합니다. 또 다시 ❶의 hello() 함수가 다시 실행되어 실행 결과에서와 같이 '안녕하세요.'가 화면에 출력됩니다.

위의 hello() 함수의 예에서와 같이 함수를 한번 정의해 놓으면 언제든 필요 시에 호출하여 사용하면 됩니다.

자 그럼 위에서 설명한 프로그램의 실행 과정과 출력된 결과를 좀 더 자세히 살펴 봅시다.

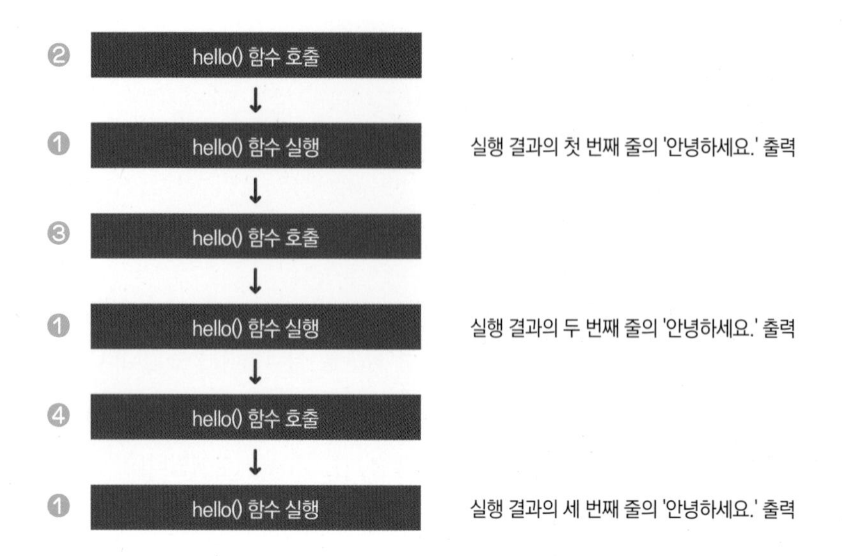

그림 7-1 예제 7-1 프로그램의 진행 순서

그림 7-1에서 ❷의 함수 호출이 일어나면 ❶에서 정의된 함수를 실행한 다음 원래의 호출 위치로 돌아오고, 다시 ❷의 함수가 호출되면 ❶에서 정의된 함수를 실행하고 돌아오고, ❷의 함수가 호출되면 다시 ❶에서 정의된 함수를 실행하고 원래 위치로 돌아와서 프로그램이 종료됩니다.

✔ 예제 7-1의 프로그램의 실행 순서를 정리해 보면 ❷ → ❶ → ❸ → ❶ → ❹ → ❶ 이 된다는 것을 알 수 있습니다.

앞의 예를 통하여 함수는 다음과 같이 *함수 정의부*와 *함수 호출부*으로 구성되어 있다는 것을 알 수 있습니다.

함수 정의부

프로그램에서 함수를 사용하기 위해서는 그 함수가 미리 정의되어 있어야 합니다.

함수 정의에 사용되는 서식은 다음과 같습니다.

서식

```
def 함수명() :
    문장1
    문장2
    ...
```

def 다음에 *함수명()*과 콜론(:)을 삽입한 후에 함수가 수행할 기능을 그 다음 줄에 들여쓰기를 한 다음 *문장1*, *문장2*, ... 에 기술합니다.

함수 호출부

함수를 호출할 때에는 호출을 원하는 위치에서 정의된 함수명을 적어줍니다. 함수 호출에 사용되는 서식은 다음과 같습니다.

서식

```
...
함수명() :
...
```

*함수명()*의 함수가 호출됩니다. 함수가 호출되면 함수 정의 부분에서 정의된 *함수명()*을 실행한 다음 다시 호출한 위치로 돌아옵니다.

2 함수의 종류

파이썬의 함수에는 사용자 함수와 내장 함수 두 가지가 있습니다.

(1) 사용자 함수

사용자 함수는 예제 7-1의 hello() 함수와 같이 사용자가 직접 함수를 정의해서 사용하는 함수입니다. 사용자 함수에는 함수의 정의 부분과 함수의 호출 부분이 존재합니다.

(2) 내장 함수

내장 함수는 파이썬 프로그램 설치 시 내장 함수의 정의 부분의 코드들이 같이 설치 되기 때문에 사용자가 함수를 별도로 정의할 필요가 없습니다.

프로그래밍 시 많이 쓰이는 내장 함수의 이름과 기능을 표로 정리해 보면 다음과 같습니다.

표 7-1. 파이썬의 내장 함수

내장 함수	기능
print()	화면에 데이터 값을 출력함
input()	키보드를 통해 데이터를 입력 받음
range()	정수의 범위를 설정함
list()	리스트를 생성함
append()	리스트의 요소를 추가함
remove()	리스트의 요소를 삭제함
round()	소수점 이하 반올림 값을 구함
int()	문자열이나 실수형 숫자를 정수형 숫자로 변환함
float()	문자열이나 정수형 숫자를 실수형 숫자로 변환함
str()	정수형 숫자를 문자열로 변환함
type()	데이터의 형을 구함

Section 07-2

매개변수

매개변수(Parameter)는 함수 호출 시 호출 함수 측에서 정의 함수로 데이터나 변수를 전달할 때 사용됩니다.

이번 절에서는 매개변수의 역할과 사용법에 대해 알아봅니다.

예제 7-2. 함수의 매개변수 07/ex7-2.py

```
❶ def say_hello(name) :
❷     print("%s님 안녕하세요." % name)

❸ say_hello("김지수")
❹ say_hello("최지영")
❺ say_hello("이예린")
```

실행결과

```
김지수님 안녕하세요.
최지영님 안녕하세요.
이예린님 안녕하세요.
```

❶ say_hello() 함수를 정의합니다. 이 때 함수의 괄호 안에 있는 name을 매개변수라고 부릅니다. ❸에서와 같이 say_hello("김지수")에 의해 say_hello() 함수가 호출될 때 사용된 '김지수'가 ❶의 매개변수 name에 복사됩니다.

❷ '김지수님 안녕하세요.'의 메시지를 화면에 출력합니다.

❸ say_hello() 함수를 호출합니다. 이 때 함수의 괄호 안에 있는 문자열 '김지수'가 함수 정의 부분인 ❶의 매개변수 name에 복사됩니다. 따라서 매개변수 name은 '김지수' 값을 가지기 때문에 실행 결과의 첫 번째 줄에 나타난 것과 같이 '김지수님 안녕하세요.'가 출력됩니다.

④ ❸에서와 같은 방식으로 say_hello() 함수가 호출되면 '최지영'이 매개변수 name에 복사됩니다. 따라서 실행 결과 두 번째 줄에서와 같이 '최지영님 안녕하세요."가 출력됩니다.

⑤ ❸,❹와 같은 방식으로 say_hello() 함수가 호출되고 매개변수 name에는 '이예린'이 복사됩니다. 따라서 실행 결과 세 번째 줄에서와 같이 '이예린님 안녕하세요.'가 화면에 출력됩니다.

이번에는 함수의 매개변수를 이용하여 짝수인지 홀수인지를 판별하는 프로그램을 작성해 봅시다.

예제 7-3. 함수의 매개변수로 짝수/홀수 판별하기 07/ex7-3.py

```
❶ def even_odd(n) :
      if n % 2 == 0 :
         print("%d -> 짝수" % n)
      else :
         print("%d -> 홀수" % n)

❷ even_odd(15)
❸ even_odd(26)
```

실행결과

```
15 -> 홀수
26 -> 짝수
```

① even_odd() 함수를 정의합니다. 정의된 even_odd() 함수는 매개변수 n이 짝수인지 홀수인지를 판별하여 그 결과를 화면에 출력합니다.

② even_odd() 함수를 호출합니다. 이 때 함수의 입력 값인 15를 ❶에서 정의된 함수 even_odd()의 매개변수 n에 복사합니다. 따라서 매개변수 n은 15의 값을 가지고 ❶의 even_odd() 함수가 실행되어 실행 결과의 첫 번째 줄에 '15 -> 홀수'가 화면에 출력됩니다.

③ even_odd() 함수를 다시 호출합니다. 이번에는 함수의 입력 값인 26이 ❶의 even_odd() 함수의 매개변수 n에 복사되고 even_odd() 함수가 실행되어 실행 결과의 두 번째 줄에서와 같이 '26 -> 짝수'가 화면에 출력됩니다.

Section 07-3

함수 값의 반환

함수 정의부에서 실행된 결과 값이 호출 함수에 반환되면 그 값은 함수를 호출한 메인 루틴에서 사용됩니다. 이것을 '함수 값의 반환'이라고 합니다.

프로그램에서 함수의 반환 값을 이용하는 방법을 익히기 위해 다음의 예제를 살펴봅시다.

예제 7-4. 함수의 반환 값으로 인치 센티미터 변환하기 07/ex7-4.py

```
❶ def inch_to_cm(inch) :
      cm = inch * 2.54
      return cm

❷ num = int(input("인치를 입력하세요: "))
❸ result = inch_to_cm(num)
❹ print("%d inch => %.2f cm" % (num, result))
```

실행결과

```
인치를 입력하세요: 20
20 inch => 50.80 cm
```

❶ 함수 inch_to_cm()를 정의합니다.

❷ 키보드로 인치를 입력(값:20) 받아 변수 num에 저장합니다.

❸ 우측의 inch_to_cm(num)은 ❶에서 정의된 inch_to_cm() 함수를 호출합니다. 그러면 inch_to_cm() 함수가 실행되어 inch * 2.54를 계산 결과(값:50.80)을 cm에 저장한 다음 return cm에 의해 변수 cm의 값(값:50.80)을 호출한 함수 쪽으로 반환합니다.

그러면 우측의 함수 inch_to_cm()의 반환 값 50.80이 좌측의 변수 result에 저장됩니다. 결과적으로 변수 result는 ❶의 함수 inch_to_cm()에서 반환되는 변수 cm의 값인 50.80을 가지게 됩니다.

④ 변수 num과 변수 result의 값을 실행 결과의 두 번째 줄에서와 같이 화면에 출력합니다.

함수의 반환 값이 사용되는 서식은 다음과 같습니다.

서식

```
① def 함수(매개변수1, 매개변수2, …) :
          문장1
          문장2
          ...
②     return 변수1
      ...
③ 변수2 = 함수(입력값1, 입력값2, ….)
      ...
```

❸의 우측에서 함수를 호출하면 ❶에서 정의된 함수가 실행되어 얻은 그 결과 값인 *변수1*의 값이 *return*에 의해 ❸의 우측에서 호출한 함수에 반환됩니다. 이 함수의 반환 값은 ❸의 좌측의 *변수2*에 저장됩니다. 결론적으로 ❸의 좌측의 *변수2*는 ❶에서 반환한 *변수1*의 값을 가지게 됩니다.

다음은 함수의 반환 값을 이용하여 키보드로 입력된 수가 5의 배수인지 아닌지를 판별하는 프로그램입니다.

예제 7-5. 함수의 반환 값으로 배수 판별하기 07/ex7-5.py

```
① def besu5(n) :
      if n%5 == 0 :
          rel = True
      else :
          rel = False
      return rel
```

```
❷ num = int(input("양의 정수를 입력하세요: "))
❸ result = besu5(num)

❹ if result == True :
      print("%d -> 5의 배수이다." % num)
   else :
      print("%d -> 5의 배수가 아니다." % num)
```

실행결과

```
양의 정수를 입력하세요: 40
40 -> 5의 배수이다.
```

설명의 편의를 위해❷에서 키보드로 입력한 값은 실행 결과에서 나타난 대로 40이라고 가정합니다.

❶ besu5() 함수를 정의합니다. besu5() 함수는 매개변수 n이 5의 배수이면 함수의 반환 값은 True가 되고, n이 5의 배수가 아닐 경우의 반환 값은 False가 됩니다.

❷ 키보드로 입력 받은 값 40을 변수 num에 저장합니다.

❸ 우측의 besu5(num)은 ❶에서 정의된 besu5() 함수를 호출합니다. 그러면 변수 num(값:40)이 besu5() 함수의 매개변수 n으로 복사됩니다. if문의 조건식 40%5 == 0는 참이 되기 때문에 변수 rel은 True 값을 가집니다. 그리고 return rel 에 의해 ❸의 우측 besu5(num)의 함수 값은 True가 되고 이 값을 좌측에 있는 변수 result에 저장합니다. 따라서 변수 result의 값은 True가 됩니다.

❹ 변수 result의 값이 True이기 때문에 '40 -> 5의 배수이다'가 화면에 출력됩니다.

Section 07-4

함수의 활용

앞 절에서는 함수를 정의하고 호출하는 방법과 함수의 매개 변수와 반환 값에 대해 알아보았습니다. 이번 절에서는 최대 공약수와 소수 구하기, 그리고 영어 단어 퀴즈 만들기 등의 예제를 통하여 함수를 활용하는 방법을 익혀 봅시다.

1 함수로 최대 공약수 구하기

최대 공약수는 0이 아닌 두 개 이상의 수의 공통되는 약수 중에서 가장 큰 수를 의미합니다. 최대 공약수를 구하는 알고리즘은 다음과 같습니다.

(1) 두 수 중 작은 수를 찾는다.
(2) 1부터 작은 수까지의 범위를 i로 설정하여 두 수를 i로 나누었을 때 나누어 떨어지는 지를 확인하여 둘 다 나누어 떨어지는 수, 즉 공약수 중에서 가장 큰 약수가 최대공약수가 된다.

다음은 힘수를 이용하여 최대공약수를 구하는 프로그램이다.

예제 7-6. 함수로 최대 공약수 구하기 07/ex7-6.py

```
❶ def computeMaxGong(x, y):
❷     if x > y:
          small = y
      else:
          small = x
```

```
❸      for i in range(1, small+1):
❹          if((x % i == 0) and (y % i == 0)):
❺              result = i

❻      return result

❼  num1 = int(input("첫 번째 수를 입력하세요: "))
    num2 = int(input("두 번째 수를 입력하세요: "))
❽  max_gong = computeMaxGong(num1, num2)

❾  print("%d와 %d의 최대공약수 : %d" % (num1, num2, max_gong))
```

실행결과

```
첫 번째 수를 입력하세요: 12
두 번째 수를 입력하세요: 15
12와 15의 최대공약수 : 3
```

❶~ ❻은 함수의 정의 부분이기 때문에 실제 프로그램 수행은 ❼부터 시작합니다. 따라서 독자의 이해를 쉽게 하기 위하여 ❼번부터 설명합니다.

❼ 두 개의 수를 키보드로 입력 받아 각각 변수 num1과 num2에 저장합니다.

❽ 우변에 있는 computeMaxGong(num1, num2)에 의해 computeMaxGong() 함수를 호출합니다.

❶ computeMaxGong(x, y) 에서 매개 변수 x와 y는 ❽의 호출 함수 computeMaxGong()의 입력 값 num1과 num2의 값을 가집니다.

❷ x와 y를 비교하여 둘 중에서 작은 값을 변수 small에 저장합니다.

③ for 루프에서 변수 i는 1에서 small까지의 값을 가지고서 ❹와 ❺의 문장을 반복 수행합니다.

④ 변수 x를 i로 나눈 나머지가 0이고 동시에 변수 y를 i로 나눈 나머지가 0이면, 즉 i가 x와 y의 공약수이면, ❺의 문장을 수행합니다.

⑤ 변수 result에 i의 값을 저장합니다.

⑥ for 루프인 ❸~❺의 문장이 반복 수행 되어 얻어진 변수 result의 값이 return문에 의해 함수의 반환 값이 됩니다.

⑧ 변수 max_gong에 computeMaxGong() 함수의 반환 값인 ❻의 result 값을 저장합니다.

⑨ 실행 결과의 세 번째 줄에 나타난 것과 같이 입력된 두 개의 수와 최대 공약수를 화면에 출력합니다.

2 함수로 소수 구하기

소수는 1과 자기 자신만으로 나누어 떨어지는 1보다 큰 양의 정수를 말합니다. 다음 예제를 통하여 함수를 이용하여 2에서 N까지의 정수 중 소수를 구하는 프로그램에 대해 알아봅시다.

예제 7-7. 함수로 소수 구하기 07/ex7-7.py

```
❶ def isPrimeNumber(num) :
       prime_yes = True
       for i in range(2, a) :
           if a % i == 0 :
               prime_yes = False

               break
       return prime_yes


❷ n = int(input("N값을 입력해 주세요 : "))
❸ print("2 ~ %d까지의 정수 중 소수 :" % n, end = " ")
```

```
❹ for a in range(2, n+1) :
❺     is_prime = isPrimeNumber(a)
❻     if is_prime :
❼         print(a, end=" ")
```

실행결과

```
N값을 입력해 주세요 : 20
2 ~ 20까지의 정수 중 소수 : 2 3 5 7 11 13 17 19
```

❷ 소수를 구하는 범위의 끝 수를 키보드로 입력 받아 변수 n에 저장합니다.

❸ 실행 결과 두 번째 줄의 '2 ~ 20까지의 정수 중 소수 : '를 화면에 출력합니다.

❹ for 루프의 변수 a는 2에서 n까지의 값을 가지고 ❺~❼의 문장을 반복 수행합니다.

❺ 우측의 isPrimeNumber(a)로 ❶에서 정의된 함수를 호출하여 함수를 수행한 결과인 변수 prime_yes를 반환합니다. 반환 값 prime_yes는 매개 변수 num이 소수이면 True가 되고, 소수가 아니면 False가 됩니다.
함수가 반환하는 prime_yes의 값은 ❺의 좌측의 변수 is_prime에 저장됩니다.

❻ 변수 is_prime이 참이면 ❼의 문장을 수행합니다.

❼ print(a, end=" ")는 실행 결과 두 번째 줄의 파란색으로 표시된 소수들을 화면에 출력합니다. end=" "는 변수 a를 출력한 끝에 하나의 공백(" ")을 삽입하는 데 사용됩니다.

3 영어 단어 퀴즈 만들기

이번에는 딕셔너리와 함수를 이용하여 간단한 영어 단어 맞추기 퀴즈를 만드는 프로그램을 살펴 봅시다.

예제 7-8. 함수로 영어 단어 퀴즈 만들기

07/ex7-8.py

```
❶ def matchWord(in_word, answer) :
     if in_word == answer :
       msg = "참 잘했어요."
     else :
       msg = "틀렸습니다."
     return msg

❷ eng_dict = {"apple":"사과", "lion":"사자", "book":"책", "love":"사랑", \
          "friend":"친구"}

❸ for i in eng_dict :
❹    string = input(eng_dict[i] + "에 맞는 영어 단어는? ")
❺    result = matchWord(string, i)
❻    print(result)
```

실행결과

```
사과에 맞는 영어 단어는? apple
참 잘했어요.
사자에 맞는 영어 단어는? lion
참 잘했어요.
책에 맞는 영어 단어는? bok
틀렸습니다.
사랑에 맞는 영어 단어는? rove
틀렸습니다.
친구에 맞는 영어 단어는? friend
참 잘했어요.
```

❷ 영어와 한글 단어를 쌍으로 하는 딕셔너리 eng_dict를 생성합니다.

❸ for 루프는 딕셔너리 eng_dict의 요소가 다섯 쌍이기 때문에 ❹~❻의 문장이 5번 반복 수행됩니다. 이 때 반복 루프에서 사용되는 변수 i의 값은 eng_dict의 키('apple', 'lion', 'book', 'love', 'friend')가 됩니다.

❹ eng_dict[i]는 키 i를 인덱스로 한 딕셔너리의 값('사과', '사자', '책', '사랑', '친구')을 가집니다. input() 함수를 이용하여 해당 한글 단어에 대한 사용자의 응답을 키보드로 입력 받습니다. 실행 결과의 홀수 줄(1, 3, 5, 7, 9번째 줄)이 여기에 해당됩니다. 각각의 키보드 입력 값은 변수 string에 저장됩니다.

❺ 우측에서 matchWord() 함수를 호출합니다. 함수 호출에서 사용된 함수의 입력 값인 변수 string과 i는 각각 ❶에서 정의된 함수 matchWord()의 매개 변수 in_word와 answer로 복사됩니다. if~ else~ 구문에 의해 키보드로 입력된 영어단어인 변수 in_word와 딕셔너리의 키 값인 변수 i가 서로 같은지를 확인하여 해당 메시지를 변수 msg에 저장하여 함수 값으로 반환합니다. 이 반환 값을 좌측의 변수 result에 저장합니다.

❻ print()함수를 이용하여 변수 result를 화면에 출력하면 실행 결과의 짝수 줄(2, 4, 6, 8, 10번째 줄)과 같이 됩니다.

Section
07-5

파일 다루기

지금까지는 키보드로 값을 입력받고 화면에 출력되는 형태로 프로그램을 작성해 왔습니다. 이와 같은 키보드 입력과 화면 출력 대신 파일에서 데이터를 직접 읽어오거나 프로그램에서 처리된 결과를 파일에 쓰는 방법이 있습니다.

이번 절에서는 파일에서 데이터를 읽고 쓰는 방법에 대해 공부합니다.

1 파일 쓰기

다음 예제를 통하여 파일을 열어서 문자열을 파일에 쓰는 방법에 대해 알아 봅시다.

예제 7-9. 새로운 파일(sample.txt)에 쓰기 07/ex7-9.py

```
❶ file = open("sample.txt", "w")
❷ file.write("안녕하세요. 반갑습니다.")
❸ file.close()

❹ print("sample.txt 파일 쓰기 완료!")
```

실행결과

```
sample.txt 파일 쓰기 완료!
```

❶ 파이썬의 내장 함수인 open()을 이용하여 파일을 쓰기 모드로 열어서 파일 객체(File Object)인 file을 생성합니다. 파일을 읽고 쓰기 위해서는 파일 객체를 먼저 만든 다음 파일 객체의 함수인 read()나 write()를 사용해야 합니다. open() 함수에서 사용된 파일 모드 'w'는 파일에 내용을 쓸 때 사용됩니다.

ⓘ 객체에 대해서는 뒤의 8장의 클래스에서 상세히 설명합니다.

❷ file 객체의 write() 함수는 함수의 입력 값인 '안녕하세요. 반갑습니다.'를 파일 객체 file이 지시하는 파일에 씁니다.

❸ file.close()는 file 객체가 지시하는 파일인 sample.txt 파일을 닫습니다.

❹ 실행 결과에 나타난 것과 같이 'sample.txt 파일 쓰기 완료!' 메시지를 화면에 출력합니다. 예제 7-9의 프로그램이 실행 완료되면 다음의 그림 7-2에 나타난 것과 같이 sample.txt 파일이 폴더 내에 생성되어 있는 것을 볼 수 있습니다.

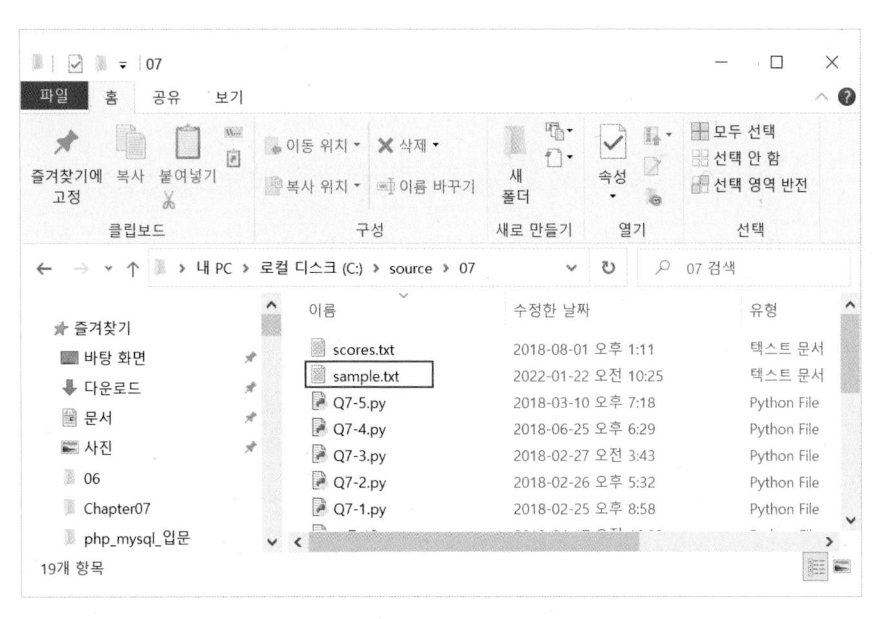

그림 7-2 생성된 sample.txt 파일

그리고 그림 7-3에서와 같이 메모장으로 sample.txt 파일을 열어보면 파일 내용에 '안녕하세요. 반갑습니다.'가 존재함을 알 수 있습니다.

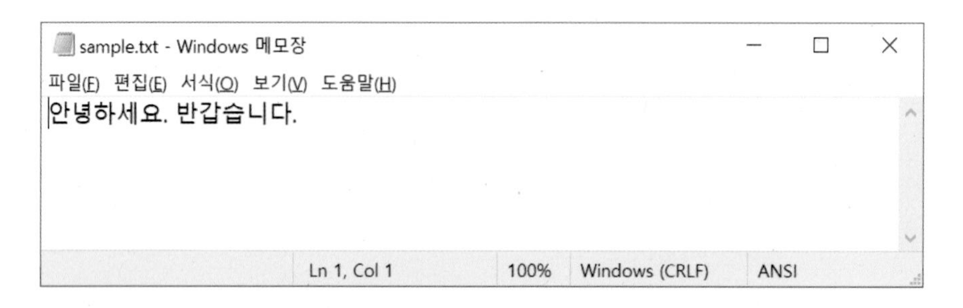

그림 7-3 메모장에서 연 sample.txt 파일

위에서 사용된 파일 객체를 생성하는 데 사용된 open() 함수의 사용 서식은 다음과 같습니다.

서식

파일객체 = open(*파일이름*, *파일모드*)

*파일이름*으로 된 파일을 *파일모드*로 열어 *파일 객체*를 생성합니다.

위의 open() 함수의 입력 값으로 사용된 파일 모드를 표로 정리하면 다음과 같습니다.

표 7-2 open() 함수의 파일 모드

파일 모드	설명
r	읽기 모드 : 파일을 읽을 때 사용
w	쓰기 모드 : 파일에 내용을 쓸 때 사용 ※ 해당 파일이 존재하지 않으면 새로운 파일을 열고, 해당 파일이 존재하면 파일을 쓸 때 기존 파일의 내용에 덮어씀
a	추가 모드 : 기존의 파일에 새로운 내용을 추가할 때 사용

예제 7-10. 리스트와 for문으로 파일 쓰기 07/ex7-10.py

```
❶ scores = ["안소영 97 80 93 97 93",
            "정예린 86 100 93 86 90",
            "김세린 91 88 99 79 92",
            "연수정 86 100 93 89 92",
            "박지아 80 100 95 89 90"]

❷ data = ""
❸ for item in scores :
      data = data + item + "\n"

   # 화면 출력하기
❹ print(data)

   # 파일(scores.txt)에 출력하기
❺ file = open("scores.txt", "w")
❻ file.write(data)
❼ file.close()
```

실행결과

```
안소영 97 80 93 97 93
정예린 86 100 93 86 90
김세린 91 88 99 79 92
연수정 86 100 93 89 92
박지아 80 100 95 89 90
```

❶ 5명의 학생 이름과 성적으로 구성된 리스트 scores를 생성합니다.

❷ 변수 data에 "",즉 널(NULL) 값으로 초기화 합니다.

③ for문을 이용하여 ❶의 리스트 scores에 저장된 요소들을 하나의 문자열 변수 data에 저장합니다. 여기서 '\n'은 줄바꿈을 의미합니다.

④ 실행 결과에 나타난 것과 같이 문자열 data를 화면에 출력합니다.

⑤ open() 함수를 이용하여 scores.txt 파일을 쓰기 모드로 열어 파일 객체 file를 생성합니다.

⑥ file.write(data)는 문자열 data를 파일 객체 file이 지정한 파일인 scores.txt에 씁니다.

⑦ 파일 객체 file이 지시하는 파일 scores.txt 파일을 닫습니다.

TIP 널(NULL)이란?

PHP를 포함한 프로그래밍 언어에서는 문자열에 내용이 없는 상태를 널(NULL) 이라고 하고 빈 따옴표("")로 표현합니다.

폴더를 열어 보면 다음의 그림 7-4에서와 같이 scores.txt 파일이 생성 되어 있음을 알 수 있습니다.

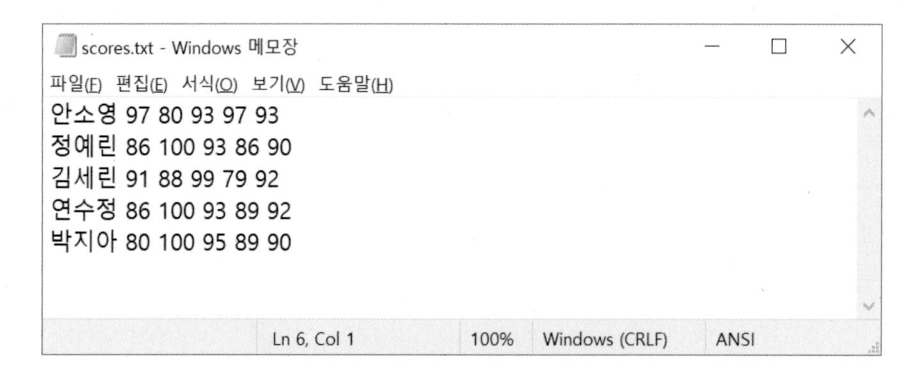

그림 7-4 메모장에서 연 scores.txt 파일

2 파일 읽기

앞의 예제에서 생성한 파일인 그림 7-5의 scores.txt를 읽어서 화면에 출력하는 프로그램을 작성해 봅시다.

예제 7-11. scores.txt 파일 읽기 07/ex7-11.py

```
❶ file = open("scores.txt", "r")
❷ lines = file.readlines()

❸ print(lines)

❹ for line in lines :
            print(line, end="")

❺ file.close()
```

실행결과

```
['안소영 97 80 93 97 93\n', '정예린 86 100 93 86 90\n', '김세린 91 88 99 79 92\n', '
연수정 86 100 93 89 92\n', '박지아 80 100 95 89 90\n']
안소영 97 80 93 97 93
정예린 86 100 93 86 90
김세린 91 88 99 79 92
연수정 86 100 93 89 92
박지아 80 100 95 89 90
```

❶ scores.txt 파일을 읽기 모드로 열어 파일 객체 file를 생성합니다.

❷ 파일 객체 file의 함수 readlines()를 이용하여 파일의 내용을 읽어 들여 변수 lines에 저장합니다.

❸ 변수 lines를 출력해보면 실행 결과의 첫 번째와 두 번째 줄에 나타난 것과 같이 변수 lines는 실제로 리스트의 데이터 형으로 되어 있는 것을 확인할 수 있습니다. 실행 결과의 문자열 안에 있는 '\n'은 줄바꿈을 의미합니다.

❹ for문을 이용하여 리스트 lines를 화면에 출력하면 실행 결과의 3~7번째 줄과 같이 됩니다.

❺ 파일 객체 file의 close() 함수를 이용하여 파일 객체를 닫습니다.

3 파일에서 성적 합계/평균 구하기

앞의 scores.txt 파일에서 데이터를 읽어서 합계와 평균을 구하는 프로그램을 작성해 봅시다.

예제 7-12. scorex.txt 파일 읽기 07/ex7-12.py

```
❶ file = open("scores.txt", "r")
   lines = file.readlines()
   file.close()

❷ print(lines)
   print("-" * 50)

❸ for line in lines :
❹     student = line.split()
❺     i = 0
      sum = 0
❻     while i<6 :
         if i == 0 :
            print(student[i])
         else :
            sum = sum + int(student[i])
         i += 1

❼     print("합계 : %d, 평균 : %.2f" % (sum, sum/5))
      print("-" * 50)
```

실행결과

```
['안소영 97 80 93 97 93\n', '정예린 86 100 93 86 90\n', '김세린 91 88 99 79 92\n', '
연수정 86 100 93 89 92\n', '박지아 80 100 95 89 90\n']
--------------------------------------------------
안소영
합계 : 460, 평균 : 92.00
--------------------------------------------------
정예린
합계 : 455, 평균 : 91.00
--------------------------------------------------
김세린
합계 : 449, 평균 : 89.80
--------------------------------------------------
연수정
합계 : 460, 평균 : 92.00
--------------------------------------------------
박지아
합계 : 454, 평균 : 90.80
--------------------------------------------------
```

❶ scores.txt 파일을 읽기 모드로 열어 파일 객체 file을 생성합니다. readlines() 함수로 파일의 데이터를 읽어 들여 리스트 lines에 저장합니다. file.close()는 파일 객체 file을 닫습니다.

❷ 리스트 lines는 실행 결과의 제일 상단에 나타난 것과 같이 ['안소영 97 80 93 97 93', '정예린 86 100 93 86 90', '김세린 91 88 99 79 92', '연수정 86 100 93 89 92', '박지아 80 100 95 89 90']의 값을 가집니다

❸ for문은 리스트 lines의 요소 개수 만큼 다섯 번 반복 수행합니다. 이때 변수 line은 리스트 lines의 요소인 각 문자열 값을 가집니다.

❹ line.split() 함수는 리스트 line의 인덱스 0의 요소인 '안소영 97 80 93 97 93'을 공백을 기준으로 분리하여 리스트 student에 저장합니다. 이런 방식으로 line.split() 함수는 리스트 line의 각 요소를 분리하여 리스트 student에 저장하게 됩니다.

다음의 그림 7-5은 for 루프의 각 반복에서 얻어지는 리스트 student의 요소 값의 변화를 나타냅니다.

	student[0]	student[1]	student[2]	student[3]	student[4]	student[5]
for 루프의 1번째 :	안소영	97	80	93	97	93
for 루프의 2번째 :	정예린	86	100	93	86	90
for 루프의 3번째 :	김세린	91	88	99	79	92
for 루프의 4번째 :	연수정	86	100	93	89	92
for 루프의 5번째 :	박지아	80	100	95	89	90

그림 7-5 for 루프의 각 반복에서 리스트 student 요소 값의 변화

⑤ 변수 i와 sum을 모두 0으로 초기화합니다.

⑥ while 루프는 i가 0에서 5까지의 값을 가지고 수행됩니다. if의 조건식이 참, 즉 i가 0일때는 리스트 student의 0번째 요소인 이름(그림 7-5에서 student[0]의 값)들을 의미합니다. print(student[i])는 실행 결과에서 나타나 있는 다섯 명의 이름을 출력합니다. if의 조건식이 거짓이면, 즉 i가 0이 아니면, sum = sum + int(student[i])는 각각의 학생들에 대해 성적 합계를 나타내는 변수 sum에 누적 합계를 구하게 됩니다.

⑦ 실행 결과에서 나타난 것과 같이 다섯 번에 걸쳐 각각의 학생들의 합계(변수 sum)와 평균(sum/5)을 화면에 출력합니다.

코딩미션
M-00020

튜플과 함수로 정수의 합계 구하기

Mission

다음은 튜플과 함수를 이용하여 정수의 합계를 구하는 프로그램입니다. 빈 박스 안을 채워서 프로그램을 완성해 보세요.

실행결과

```
(7, 12, 38, 24, 25, -7)
99
```

```
def sum(numbers):
    total = 0
    for number in numbers :
        total + = [          ]

    return [          ]

num = (7,12, 38, 24, 25, -7)

print(num)
print(sum([    ]))
```

정답은 코딩스쿨(http://codingschool.info)에서 볼 수 있습니다.

코딩미션
M-00021

함수를 이용하여 문자열 역순 출력하기

Mission

다음은 함수를 이용하여 문자열을 역순으로 출력하는 프로그램입니다. 빈 박스 안을 채워서 프로그램을 완성해 보세요.

실행결과

```
문자열을 입력하세요 : I am happy.
.yppah ma I
```

```
def strReverse(string):
    r_string = ""
    index = len(string)
    while index > 0 :
        r_string = r_string + string[index - 1]
        index -= [     ]

    return [     ]

in_string = input("문자열을 입력하세요 : ")

print(strReverse([     ]))
```

정답은 코딩스쿨(http://codingschool.info)에서 볼 수 있습니다.

1 ~ N 정수의 제곱 값 출력하기

Mission

다음은 N 값을 키보드로 입력받아 함수와 리스트를 이용하여 1에서 N까지 정수의 제곱 값을 출력하는 프로그램입니다. 빈 박스 안을 채워서 프로그램을 완성해 보세요.

실행결과

```
N 값을 입력하세요: 10
[1, 4, 9, 16, 25, 36, 49, 64, 81, 100]
```

```
def numSquare(num):
    list_new = []
    for i in range(1, [     ]):
        list_new.append(i**2)

    return [     ]

n = int(input("N 값을 입력하세요: "))

num_list = [          ]
print(num_list)
```

정답은 코딩스쿨(http://codingschool.info)에서 볼 수 있습니다.

코딩미션
M-00023

함수로 유효한 비밀번호 만들기

Mission

다음은 함수를 이용하여 유효한 비밀번호(10자리 이상, 영문 대문자 포함)를 만드는 프로그램입니다. 빈 박스 안을 채워서 프로그램을 완성해 보세요.

실행결과

※ 비밀번호는 10자리 이상, 영문 대문자를 포함하여야 합니다.
비밀번호 : 3376737Test
비밀번호 확인 : 3376737T
비밀번호와 비밀번호 확인이 서로 다릅니다! 다시 입력해 주세요.
비밀번호: 3376737Test
비밀번호 확인 : 3376737Test
유효한 비밀번호입니다.

```
def isValid(p) :
  if len(p) < 10 :
    return [    ]

  is_num = False
  is_upper = False

  for [  ] in p :
    if ch >= "A" and ch <= "Z" :
      is_upper = True
    if ch >= "0" and ch <= "9" :
      is_num = True

  return is_upper and is_num
```

```
print("※ 비밀번호는 10자리 이상, 영문 대문자를 포함하여야 합니다.")

password1 = input("비밀번호 : ")
password2 = input("비밀번호 확인 : ")

while True :
    if isValid(password1) and password1 == [          ]:
        break
    else :
        if not [              ]:
            print("비밀번호가 잘못되었습니다! 다시 입력해 주세요")
        else :
            print("비밀번호와 비밀번호 확인이 서로 다릅니다! 다시 입력해 주세요.")

    password1 = input("비밀번호: ")
    password2 = input("비밀번호 확인 : ")

print("유효한 비밀번호입니다.")
```

정답은 코딩스쿨(http://codingschool.info)에서 볼 수 있습니다.

코딩미션
M-00024

성적 파일에서 합계와 평균 구하기

Mission

다음은 8명의 학생에 대해 5과목의 성적이 기재된 텍스트 파일(파일명:input.txt)을 읽어 각 학생에 대한 성적의 합계와 평균을 출력하는 프로그램입니다. 빈 박스 안을 채워서 프로그램을 완성해 보세요.

input.txt 파일

```
78 90 85 89 92
90 89 76 88 85
68 90 82 90 63
94 96 80 99 79
100 90 80 76 93
84 98 77 93 86
98 76 83 89 79
91 86 80 98 76
```

실행결과

```
1. 합계 : 434, 평균 : 86.80
2. 합계 : 428, 평균 : 85.60
3. 합계 : 393, 평균 : 78.60
4. 합계 : 448, 평균 : 89.60
5. 합계 : 439, 평균 : 87.80
6. 합계 : 438, 평균 : 87.60
7. 합계 : 425, 평균 : 85.00
8. 합계 : 431, 평균 : 86.20
```

```
file = open("input.txt", "r")

num = 1          [      ]

for line in file.readlines() :
    sum = [      ]
    count = 0 # 각 행(학생)의 과목 수 초기화

    scores = line.split()
    for score in [      ] :
        sum = sum + int(score)
        count += 1

    avg = sum/count
    print("%d. 합계 : %d, 평균 : %.2f" % (num, sum, avg))
    num += 1
```

정답은 코딩스쿨(http://codingschool.info)에서 볼 수 있습니다.

연습문제 7장. 함수

Q7-1. 다음은 함수의 매개변수를 이용하여 정수의 합계를 구하는 프로그램입니다. 빈 칸을 채워보세요.

```
실행결과
1~10 정수의 합계 : 55
100~200 정수의 합계 : 15150
200~300 정수의 합계 : 25250
```

```
def sum(start, end) :
   hap = 0
   for i in range(start, (1)__________) :
      hap += i

   print("%d~%d 정수의 합계 : %d" % ((2)______, (3)______, (4)______))

sum(1, 10)
sum(100, 200)
sum(200, 300)
```

Q7-2. 다음은 함수의 반환 값을 이용하여 1부터 키보드로 입력한 숫자까지의 정수 중 3의 배수의 합계를 구하는 프로그램입니다. 빈 칸을 채워보세요.

```
실행결과
양의 정수를 입력하세요: 100
1 ~ 100까지의 정수 중 3의 배수 합계 : 1683
```

```
def sum_besu3(n) :
    sum = (1)__________
    for i in range(1, n+1) :
        if (2)__________ == 0 :
            sum += i

    return (3)__________

num = int(input("양의 정수를 입력하세요: "))
result = sum_besu3((4)__________)

print("1 ~ %d까지의 정수 중 3의 배수 합계 : %d" % (num, result))
```

Q7-3. 다음은 키보드로 원의 반지름을 입력 받아 원의 면적과 원주의 길이를 구하는 프로그램입니다. 빈 칸을 채워 보세요.

```
실행결과
반지름을 입력하세요: 12
원의 면적 : 452.16, 원주의 길이 :75.36
```

```
def cir_area(radius) :
    area = radius * radius * 3.14
    return (1)__________

def cir_circum(radius) :
    circum = 2 * 3.14 * radius
    return (2)__________

r = float(input("반지름을 입력하세요: "))
a = cir_area((3)__________)
```

```
(4)__________ = cir_circum(r)

print("원의 면적 : %.2f, 원주의 길이 :%.2f" % (a, b))
```

Q7-4. 다음은 함수를 이용하여 세 수중에서 가장 큰 수를 찾는 프로그램입니다. 빈 칸을 채워보세요.

실행결과

```
첫 번째 수를 입력하세요: 36
두 번째 수를 입력하세요: -21
세 번째 수를 입력하세요: 51
36, -21, 51 중 가장 큰 수 : 51
```

```
def maxTwo(i, j):
    if i 〉 j:
        return i
    else :
        return j

def maxThree(x, y, z) :
    return maxTwo( (1)__________(x, y), (2)__________(y, z))

a = int(input("첫 번째 수를 입력하세요: "))
b = int(input("두 번째 수를 입력하세요: "))
c = int(input("세 번째 수를 입력하세요: "))

max_num = (3)__________(a, b, c)

print("%d, %d, %d 중 가장 큰 수 : %d" % (a, b, c, max_num))
```

Q7-5. 다음은 함수를 이용하여 두 수의 최소 공배수를 구하는 프로그램입니다. 빈 칸을 채워보세요.

실행결과

```
첫 번째 수를 입력하세요: 5
두 번째 수를 입력하세요: 8
5와 8의 최소공배수 : 40
```

```
def computeMinGong((1)__________,(2)__________):
  if x 〉 y :
     big = x
  else:
     big = y

  while(True):
    if((big % x == 0) and (big % y == 0)):
      result = big
      break
    big = big + 1

  return (3)__________

num1 = int(input("첫 번째 수를 입력하세요: "))
num2 = int(input("두 번째 수를 입력하세요: "))

min_gong = computeMinGong((4)__________, (5)__________)

print("%d와 %d의 최소공배수 : %d" % (num1, num2, min_gong))
```

연습문제 정답은 책 뒤 부록에 있어요.

08

Chapter 08

클래스

8장에서는

변수와 함수들을 모아서 데이터를 처리할 수 있는 파이썬의 클래스에 대해 공부합니다. 클래스는 C 언어를 제외한 자바스크립트, 자바, PHP, C++, C# 등 많은 프로그래밍 언어에서 사용하는 기능입니다. 클래스를 사용하는 프로그래밍 언어를 객체 지향 프로그래밍 언어라고 합니다. 객체 지향에서는 먼저 클래스를 설계한 다음 객체를 만들어 프로그램을 짜게 됩니다. 이번 장에서는 클래스와 객체의 원리를 이해하고 클래스의 핵심이 되는 클래스의 멤버 변수, 메소드, 생성자에 대해 공부합니다.

Section 08-1 클래스란?

클래스(Class)는 객체 지향 프로그래밍(OOP, Object Oriented Programming)에서의 핵심 요소입니다. 객체 지향 프로그래밍에서는 제일 먼저 필요한 클래스들을 정의한 다음 정의된 클래스를 기반으로 한 객체들을 생성하여 프로그램을 작성하게 됩니다.

클래스는 일반적으로 복잡하고 큰 프로그램을 작성할 때 주로 사용합니다. 클래스를 사용하면 복잡한 프로그램을 좀 더 쉽고 체계적으로 작성하고 관리할 수 있습니다.

이번 절에서는 클래스의 개념과 클래스를 이용하여 객체를 생성하고 활용하는 방법에 대해 공부합니다.

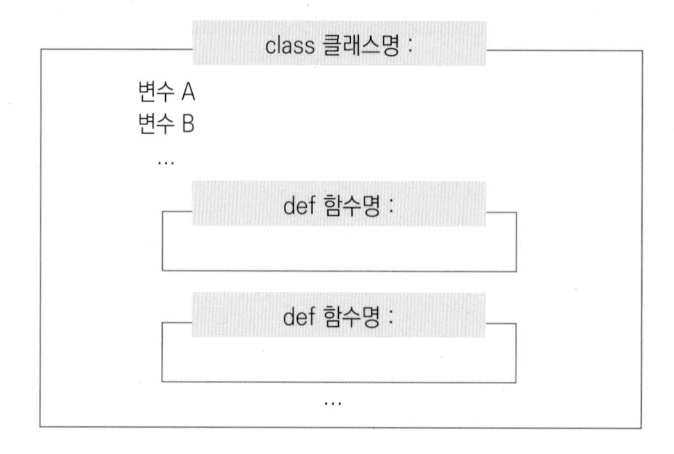

그림 8-1 클래스 개념도

위 그림 8-1에 나타난 것과 같이 클래스(Class)는 변수와 함수를 모아 놓은 것이라고 말할 수 있습니다. 클래스 내부에서 사용되는 변수를 멤버 변수(Member Variable)라고 하고, 내부 함수를 메소드(Method)라고 부릅니다.

다음 예제를 통하여 클래스의 개념과 클래스의 사용법에 대해 공부해 봅시다.

예제 8-1. 클래스의 간단 사용 예 08/ex8-1.py

```
❶ class Animal :
❷     name = "고양이"
❸     def sound(self) :
          print("냐옹~~~")

❹ cat = Animal()

❺ print(cat.name)
❻ cat.sound()
```

실행결과

```
고양이
냐옹~~~
```

❶ 클래스 Animal을 정의합니다.

※ 파이썬 뿐만 아니라 대부분의 프로그래밍 언어에서 클래스명의 첫 글자는 영문자 대문자를 사용합니다.

❷ Animal 클래스의 멤버 변수 name에 '고양이'를 저장합니다.

※ 멤버 변수는 클래스 내부에서 사용되는 변수를 의미합니다.

❸ Animal 클래스의 메소드 sound()를 정의합니다. 메소드 sound()는 문자열 '냐옹~~~'을 화면에 출력합니다.

※ 메소드는 함수의 일종으로서 클래스 내부에서 사용되는 함수를 말합니다. ❶의 sound() 메소드에서 사용된 self는 모든 메소드의 첫 번째 입력 값으로 사용됩니다. self에 대해서는 252쪽에서 자세히 설명합니다.

❹ 클래스 Animal의 객체 cat를 생성합니다.

❺ cat.name은 객체 cat의 멤버변수 name(값:'고양이')을 의미합니다. print(cat.name)은 실행 결과의 1번째 줄에서와 같이 '고양이'를 출력합니다.

※ 멤버 변수를 사용할 때에는 해당 객체 다음에 점(.)을 붙여 사용합니다.

❻ cat.sound()는 객체 cat의 메소드 sound()를 호출합니다. 그러면 ❸에서 정의된 sound() 메소드가 수행되어 실행 결과의 2번째 줄에 나타난 것과 같이 '냐옹~~~'을 화면에 출력합니다.

※ 메소드도 멤버 변수의 경우와 마찬가지로 해당 객체 다음에 점(.)을 붙여 사용합니다. 메소드에 대한 자세한 설명은 250쪽에서 이루어집니다.

클래스를 정의하는 서식을 정리하면 다음과 같습니다.

서식

```
class 클래스명 :
    변수 A
    변수 B


    ...
    def 메소드명() :
        문장1
        문장2
        ...


    def 메소드명() :
        문장I
        문장II
        ....
```

클래스를 정의하기 위해서는 키워드 class 다음에 *클래스명 :* 을 사용하고 그 다음 줄부터 클래스의 멤버 변수 *변수 A*, *변수 B*, …와 *메소드명()*의 메소드들을 정의합니다.

Section 08-2 객체란?

객체(Object)는 다른 말로 인스턴스(Instance)라고 하는 데 정의된 클래스를 이용하여 만들어진 데이터 형이라고 할 수 있습니다.

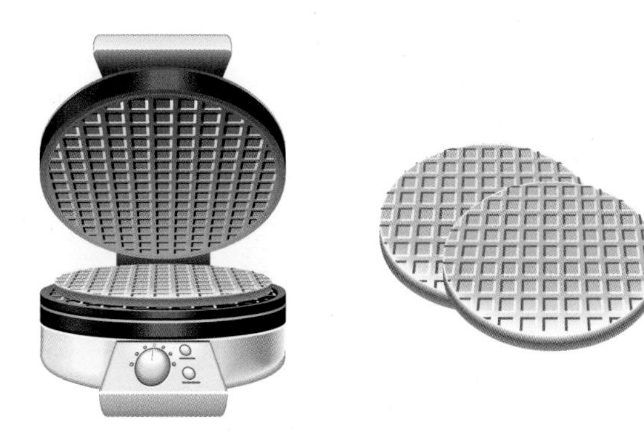

그림 8-2 클래스와 객체와의 관계

그림 8-2에서 보는 것과 같이 와플빵은 와플 기계를 이용하여 만들어집니다. 여기서 와플빵을 만드는 기계는 클래스, 와플빵은 객체로 생각할 수 있습니다. 와플빵을 만들기 위해서는 먼저 와플빵의 모양과 크기에 맞는 빵을 만들어주는 기계를 먼저 만들어야 합니다. 일단 한번 와플빵 기계가 만들어지면 언제든 쉽게 와플빵을 찍어 낼 수 있습니다.

이와 마찬가지로 예제 8-1❶~❸의 Animal 클래스(와플빵 만드는 기계)를 만들어 놓으면 ❹에서와 같이 cat 객체(와플빵)를 만들어 사용할 수 있게 됩니다.

객체를 생성하는 서식을 살펴보면 다음과 같습니다.

서식

객체명 = 클래스명()

우측의 *클래스명()*에 명시된 클래스의 *객체*(또는 인스턴스)를 생성합니다.

객체는 다른 말로 인스턴스(Instance)라고 합니다. 예제 8-1에서 사용된 클래스와 객체에 대해서 '인스턴스 cat는 클래스 Animal()에 의해 생성된다'고 말할 수 있습니다. 인스턴스와 객체는 동일한 개념인데 인스턴스는 그 객체가 어느 클래스에서 만들어 졌는지를 강조하기 위해 둘 간의 관계를 중시하는 측면에서 사용하는 개념입니다.

이 책에서는 인스턴스 대신 객체로 통일하여 사용합니다.

Section 08-3 멤버 변수와 메소드

클래스의 멤버 변수(Member Variable)는 클래스 내부에서 사용되는 변수를 말하고 메소드(Method)는 클래스 내부에서 정의된 함수를 의미합니다.

이번 절에서는 클래스 내에 멤버 변수와 메소드를 정의하고 객체에서 이들을 활용하는 방법에 대해 알아봅니다.

다음 예제를 통하여 클래스의 멤버 변수와 메소드에 대해 알아봅니다.

예제 8-2. 멤버 변수와 메소드 사용 예 08/ex8-2.py

```
❶ class Student :
❷     name = "홍길동"
      kor = 80
      eng = 90
      math = 100
```

```
❸     def getSum(self) :
❹         sum = self.kor + self.eng + self.math
❺         return sum

❻ hong = Student()
❼ print("이름 : %s" % hong.name)
   print("국어 : %d" % hong.kor)
   print("영어 : %d" % hong.eng)
   print("수학 : %d" % hong.math)
❽ print("합계 : %d" % hong.getSum())
❾ print("평균 : %.1f" % (hong.getSum()/3))
```

실행결과

```
이름 : 홍길동
국어 : 80
영어 : 90
수학 : 100
합계 : 270
평균 : 90.0
```

❶ 클래스 Student를 정의합니다.

❷ 클래스 Student의 멤버 변수 name, kor, eng, math를 생성합니다.

❸ 메소드 getSum()을 정의합니다.

❹ self.kor은 ❷의 멤버 변수 kor의 값인 80을 가집니다. 이와 같이 getSum() 메소드 내에서 멤버 변수를 사용하려면 self 다음에 점(.)을 붙인 다음 해당 멤버 변수를 사용해야 합니다. 결국 ❹의 문장은 멤버 변수 kor(국어성적), eng(영어성적), math(수학성적)의 값들을 모두 다 더한 다음 변수 sum에 저장합니다.

⑤ getSum() 메소드에서 변수 sum은 메소드 getSum()의 반환 값이 됩니다.

⑥ 클래스 Student의 객체 hong을 생성합니다.

⑦ hong.name은 hong 객체의 멤버 변수인 name의 값을 의미합니다. ❼의 문장들은 실행 결과에서 이름과 각 과목의 성적을 출력하는 데 사용됩니다.

⑧ hong 객체의 메소드hong.getSum()를 호출합니다. ❶~❸에서 정의된 getSum() 메소드가 수행되어 세 과목의 합계를 구한 다음 반환된 값을 print() 함수로 출력합니다. 이 때 객체 hong이 ❸의 매개변수 self에 복사되어 전달됩니다. 실행 결과에서와 같이 세 과목의 합계를 출력합니다.

⑨ hong.getSum()/3은 합계 hong.getSum()을 3으로 나눈 값, 즉 평균 값을 의미합니다. 이 평균 값을 print() 함수를 이용하여 실행 결과의 마지막 줄에 나타난 것과 같이 출력합니다.

TIP 매개변수 self란?

getSum() 메소드의 매개 변수 self는 Student 클래스에 의해 생성된 객체를 전달 받는 데 사용됩니다. ❽의 hong.getSum() 에서와 같이 Student 클래스의 객체 hong의 메소드가 호출되면 객체 hong이 self로 전달됩니다.

파이썬에서 매개 변수 self는 모든 메소드의 첫 번째 매개변수로써 사용됩니다.

Section 08-4

생성자

파이썬에서 생성자(Constructor)는 객체를 생성할 때 호출되는 함수로서, 객체 생성 시에 객체의 초기화 작업에 사용됩니다. 이번 절에서는 생성자란 무엇이고 어떻게 활용되는 지 알아봅니다.

생성자는 *__init__()*란 이름으로 사용되는 데 사용 형식은 다음과 같습니다.

서식

```
class 클래스명 :
    ...
    def __init__() :
        문장1
        문장2
        ...
```

생성자는 객체가 생성될 때 위의 *__init__() :* 다음 줄에 있는 *문장1, 문장2, ...* 가 수행되어 해당 객체의 초기화 작업을 하는 데 사용됩니다.

다음 예제를 통하여 생성자가 실제 프로그램에서 어떻게 사용되는 지 살펴봅시다.

예제 8-3. 생성자의 사용 예 08/ex8-3.py

```
❶ class Person :
❷     def __init__(self, name) :
❸         self.name = name
❹         print("%s님 반갑습니다." % name)

❺ person1 = Person("홍길동")
```

실행결과

```
홍길동님 반갑습니다.
```

⑤ 클래스 Person을 이용하여 객체 person1을 생성합니다.

❶ 클래스 Person을 정의합니다.

② ❺의 person1 객체 생성 시 ❷~❹의 생성자 __init__() 함수가 수행됩니다. 이 때 다음에 나타난 것과 같이 ❺의 클래스 Person의 입력 값 '홍길동'이 생성자의 매개변수 name에 복사됩니다.

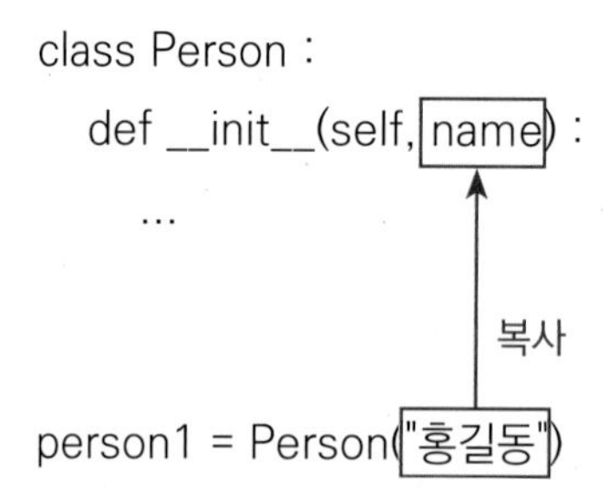

③ 매개 변수 name의 값을 객체의 멤버변수인 *self.name*에 저장합니다.

④ 실행 결과에 나타난 것과 같이 '홍길동님 반갑습니다.'를 화면에 출력합니다.

이번에는 생성자를 이용하여 초기화된 멤버 변수를 메소드에서 이용하는 방법에 대해 알아봅시다.

예제 8-4. 생성자의 멤버 변수 사용 예 08/ex8-4.py

```
❶ class Member :
❷     def __init__(self, name, age) :
❸         self.name = name
❹         self.age = age

❺     def showMember(self) :
          print("이름 : %s" % self.name)
          print("나이 : %d" % self.age)

❻ mem1 = Member("홍길동", 30)
❼ mem1.showMember()
```

실행결과

```
이름 : 홍길동
나이 : 30
```

❶ 클래스 Member를 정의합니다.

❻ 클래스 Member를 이용하여 객체 mem1을 생성합니다. 이 때 생성자 __init__() 함수를 호출하여 ❶~❹의 문장을 수행합니다.

❷ ❻의 Member 클래스의 입력 값인 '홍길동'과 30이 ❷의 생성자 __init__()의 매개변수 name과 age에 복사됩니다.

❸ 매개 변수 name의 값 '홍길동'을 mem1객체의 멤버 변수 self.name에 저장합니다.

❹ 매개 변수 age의 값 30을 mem1객체의 멤버 변수 self.age에 저장합니다.

❼ 객체 mem1객체의 메소드 showMember()를 호출하여 ❺의 showMember() 메소드를 수행합니다.

❺ 실행 결과에 나타난 것과 같이 이름과 나이를 화면에 출력합니다.

코딩미션
M-00025

클래스로 사칙연산 수행하기

Mission

다음은 클래스를 이용하여 두 수의 사칙연산을 수행하는 프로그램입니다. 빈 박스 안을 채워서 프로그램을 완성해 보세요.

실행결과

```
10 + 20 = 30
10 - 20 = -10
10 * 20 = 200
10 / 20 = 0.50
```

```
class Calculator :
    def __init__(          ) :
        self.num1 = [      ]
        self.num2 = [      ]

    def add(self) :
        return self.num1 + self.num2

    def sub(self) :
        return self.num1 - self.num2

    def mul(self) :
        return self.num1 * self.num2

    def div(self) :
        return self.num1 / self.num2
```

```
a = 10
b = 20

cal1 = Calculator(      )

print("%d + %d = %d" % (a, b,          ))
print("%d - %d = %d" % (a, b,          ))
print("%d * %d = %d" % (a, b,          ))
print("%d / %d = %.2f" % (a, b,          ))
```

정답은 코딩스쿨(http://codingschool.info)에서 볼 수 있습니다.

코딩미션
M-00026

클래스로 차량 제조회사, 모델, 탑승 인원 출력하기

Mission

다음은 클래스를 이용하여 차량의 제조회사, 모델, 탑승인원 등을 출력하는 프로그램입니다. 빈 박스 안을 채워서 프로그램을 완성해 보세요.

실행결과

```
제조회사 : 기아
모델 : K9
탑승인원 : 5
```

```
class Car :
    seat = 5

    def __init__(self, company, model) :
        [          ] = company
        [          ] = model

    def showCompany(self) :
        return [          ]

    def showModel(self) :
        return [          ]

k9 = Car("기아", "K9")

print("제조회사 : %s" % k9.showCompany())
print("모델 : %s" % k9.showModel())
print("탑승인원 : %d" % k9.seat)
```

정답은 코딩스쿨(http://codingschool.info)에서 볼 수 있습니다.

코딩미션 M-00027

클래스로 이름, 주소, 이메일 출력하기

Mission

다음은 클래스의 생성자, 멤버 변수, 메소드 등을 이용하여 객체의 성명, 주소, 이메일 정보를 출력하는 프로그램입니다. 빈 박스 안을 채워서 프로그램을 완성해 보세요.

실행결과

성명 : 홍길동
주소 : 서울시 강동구
이메일 : rubato@hanmail.net

```
class Person :
    def __init__(self, name, address, email) :
        self.name = [          ]
        self.address = [          ]
        self.email = [          ]

    def [              ]:
        return self.name

    def [                ]:
        return self.address

    def [              ]:
        return self.email

person = Person("홍길동", "서울시 강동구", "rubato@hanmail.net")

print("성명 : %s" % person.getName())
print("주소 : %s" % person.getAddress())
print("이메일 : %s" % person.getEmail())
```

정답은 코딩스쿨(http://codingschool.info)에서 볼 수 있습니다.

연습문제 8장. 클래스

Q8-1. 다음은 클래스를 이용하여 과일의 이름, 색상, 맛, 비타민 함유량 등을 화면에 출력하는 프로그램입니다. 빈 칸을 채워 보세요.

```
실행결과
과일명 : 오렌지
색상 : 노란색
새콤하다.
비타민 C가 풍부하다.
```

```
class Fruit :
    name = "오렌지"
    color = "노란색"
    def taste(self) :
        print("새콤하다.")

    def vitamin(self) :
        print("비타민 C가 풍부하다.")


orange = Fruit()

print("과일명 : %s" % (1)__________)
print("색상 : %s" % (2)__________)
(3)__________.taste()
(4)__________.vitamin()
```

Q8-2. 다음은 클래스의 멤버 변수와 메소드를 이용하여 원의 면적과 원주의 길이를 구하는 프로그램입니다. 빈 칸을 채워 보세요.

실행결과

```
반지름: 10
원의 면적 : 314.16
원주의 길이 : 62.83
```

```
class Circle :
    radius = 10
    def getArea(self) :
        area = 3.141592 * (1)__________ * (2)__________
        return area

    def getCircum(self) :
        circum = 2 * 3.141592 * self.radius
        return (3)__________

cir = Circle()

print("반지름: %d" % cir.radius)
print("원의 면적 : %.2f" % cir.getArea())
print("원주의 길이 : %.2f" % cir.(4)__________)
```

Q8-3. 다음은 클래스의 생성자를 이용하여 합계와 평균을 구하는 프로그램입니다. 빈 칸을 채워 보세요.

실행결과

```
이름 : 홍지영
합계 : 280
평균 : 93.3
```

```
class Student :
    total = 0
    avg = 0.0
    def __init__(self, name, kor, eng, math) :
        (1)__________ = name
        (2)__________ = kor
        (3)__________ = eng
        (4)__________ = math

    def getSum(self) :
        self.total = self.kor + self.eng + self.math
        return (5)__________

    def getAvg(self) :
        self.avg = self.total/3
        return self.avg

s1 = Student("홍지영", 90, 90, 100)
print("이름 : %s" % s1.(6)__________)
print("합계 : %d" % s1.getSum())
print("평균 : %.1f" % s1.getAvg())
```

Q8-4. 다음은 클래스의 생성자를 이용하여 사다리꼴의 면적을 구하는 프로그램입니다. 빈 칸을 채워보세요.

실행결과

```
사다리꼴 밑변의 길이를 입력하세요 : 10
윗변의 길이를 입력하세요 : 20
높이를 입력하세요 : 8
사다리꼴의 면적 : 120.00
```

```
class Ladder :
   def __init__(self, a, b, height) :
      self.a = (1)__________
      self.b = (2)__________
      self.height = (3)__________

   def area(self) :
      return (self.a+self.b)/2 * self.height

w1 = int(input("사다리꼴 밑변의 길이를 입력하세요 : "))
w2 = int(input("윗변의 길이를 입력하세요 : "))
h = int(input("높이를 입력하세요 : "))

ladder1 = Ladder((4)__________, (5)__________, h)
print("사다리꼴의 면적 : %.2f" % ladder1.area())
```

연습문제 정답은 책 뒤 부록에 있어요.

09

Chapter 09
모듈

9장에서는

함수와 클래스 등을 모아서 파일에 저장해 놓고 불러다 사용하는 모듈에 대해 학습합니다. 파이썬에서 기본적으로 제공하는 모듈의 기능에는 복잡한 수학 계산, 랜덤 수 발생, 날짜와 시간 처리 등이 있습니다. 그리고 파이썬에서 제공하는 모듈 외의 기능을 사용하고 싶을 때에는 사용자가 직접 모듈을 만들어 사용합니다. 이번 장에서는 사용자가 직접 모듈을 생성하여 사용하는 방법과 파이썬에서 제공하는 math, random, datetime 모듈 등의 사용법을 익힙니다.

Section 09-1

모듈이란?

파이썬에서는 프로그래밍을 할 때 프로그램이 길어지면 몇 개의 파일로 나누어 저장하고 관리할 필요가 있습니다. 그리고 공통적으로 사용되는 변수, 함수, 클래스들을 별도의 파일에 저장해 놓고 작성하는 프로그램에서 이를 불러다 쓰면 편리합니다. 이런 용도로 사용하는 것이 파이썬의 모듈(Module)입니다.

이번 절에서는 모듈을 생성하고 불러다 쓰는 방법에 대해 알아봅니다.

1 모듈 생성하기

다음의 예제에서는 두 개의 함수로 구성된 모듈 greet를 만듭니다.

예제 9-1. greet 모듈 09/greet.py

```
❶ def hello(name) :
       print("%s님 안녕하세요." % name)

❷ def niceMeet(name) :
       print("%s님 만나서 반갑습니다." % name)
```

위의 예제 9-1과 같은 내용을 타이핑하고 greet.py로 저장하면 간단하게 greet 모듈이 생성됩니다. greet 모듈은 ❶의 hello() 함수와 ❷의 niceMeet() 함수로 구성됩니다.

이번에는 다른 프로그램에서 위에서 만든 greet 모듈을 불러다 쓰는 방법에 대해 알아봅시다.

2 import~ 구문으로 모듈 불러오기

모듈을 불러오는 import문과 불러온 모듈 내의 함수를 이용하는 서식에 대해 알아 봅시다.

서식

```
import 모듈명
...
모듈명. 모듈함수명()
...
```

import *모듈명*은 모듈명.py 파일에 정의되어 있는 함수, 클래스 등을 불러옵니다. 그리고 모듈 내의 모듈 함수를 호출할 때에는 *모듈명.모듈함수명()*의 형태로 사용합니다.

다음의 프로그램에서는 예제 9-1의 greet 모듈을 import로 불러와서 프로그램에서 활용하고 있습니다.

예제 9-2. import~ 구문으로 greet 모듈 불러오기 09/ex9-2.py

```
❶ import greet

❷ greet.hello("홍채리")
❸ greet.niceMeet("장수연")
```

실행결과

```
홍채리님 안녕하세요.
장수연님 만나서 반갑습니다.
```

❶ import greet는 greet 모듈(greet.py 파일)을 불러옵니다.

❷ greet.hello('홍채리')는 예제 9-1의 greet 모듈의 hello() 함수를 호출하여 실행 결과의 첫 번째 줄에 있는 '홍채리님 안녕하세요.'를 화면에 출력합니다.

③ greet.niceMeet('장수연')은 greet 모듈의 niceMeet() 함수를 호출하여 실행 결과의 두 번째 줄에 있는 '장수연님 만나서 반갑습니다.'를 화면에 출력합니다.

3 from~ import~ 구문으로 모듈 불러오기

예제 9-2의 import ~ 구문 대신에 from ~ import ~ 구문을 사용해서 모듈을 불러올 수도 있습니다. from ~ import ~ 구문을 이용하여 모듈을 불러와서 프로그램에서 사용하는 서식은 다음과 같습니다.

서식

```
from 모듈명 import 모듈함수명, 모듈함수명, ...
...
모듈함수명()
...
```

from ~ import ~ 를 이용하여 모듈을 불러와서 모듈함수를 이용할 때에는 예제 9-2의 import의 경우에 사용하는 *모듈명.모듈함수명()*과는 달리 그냥 *모듈함수명()*을 사용하면 됩니다.

다음 예제를 통하여 from ~ import ~ 구문을 이용하여 greet 모듈을 불러오는 방법에 대해 알아 봅시다.

예제 9-3. from~ import~ 구문으로 greet 모듈 불러오기 09/ex9-3.py

```
❶ from greet import hello, niceMeet

❷ hello("홍채리")
   niceMeet("장수연")
```

실행결과

```
홍채리님 안녕하세요.
장수연님 만나서 반갑습니다.
```

❶ from ~ import ~ 로 greet 모듈의 hello, niceMeet 함수를 사용할 것을 선언합니다.

❷ hello('홍채리')와 niceMeet('장수연')에서와 같이 예제 9-2에서와는 달리 greet 모듈에서 정의된 모듈함수명인 hello()와 niceMeet()를 그대로 사용할 수 있습니다.

예제 9-2와 예제 9-3에서 greet 모듈을 불러와 모듈함수 hello()와 niceMeet()를 사용하는 방법을 표로 비교해 봅시다.

표 9-1 예제 9-2와 예제 9-3의 모듈 사용법 비교

항목	예제 9-2 : import ~	예제 9-3 : from ~ import ~
모듈 불러오는 방법	*import* greet	*from* greet *import* hello, niceMeet
모듈함수 사용법	*greet*.hello() *greet*.niceMeet()	hello() niceMeet()

Section 09-2 math 모듈

수학에 관련된 sin, cos, tan, log, pow 등의 값을 구할 때 사용하는 것이 math 모듈입니다. math 모듈은 파이썬에서 기본으로 제공하는 모듈로서 import나 from ~ import ~ 구문으로 사용할 수 있습니다. 이번 절에서는 math 모듈과 모듈 함수를 이용하는 방법에 대해 알아봅니다.

import를 이용하여 math 모듈을 불러와 사용하는 형식은 다음과 같습니다.

서식

```
import math
...
math.모듈함수명()
...
```

import 구문에서 모듈함수를 호출할 때에는 모듈명 *math* 다음에 *점(.)*을 찍고 *모듈함수명()*을 사용합니다. 많이 사용되는 math 모듈의 *모듈함수명()*에는 sin(), cos(), tan(), log(), pow(), factorial(), ceil() 등이 있습니다.

from ~ import ~ 구문을 이용하면 math 모듈과 모듈함수를 다음과 같이 사용할 수 있습니다.

서식

```
from math import 모듈함수명, 모듈함수명, ....
...
모듈함수명()
...
```

from ~ import ~ 구문에서는 import 구문에서와는 달리 모듈함수 호출시 *모듈함수명()*을 바로 사용할 수 있습니다.

1 숫자 관련 함수 : floor(), ceil(), factorial()

다음 예제를 통하여 math 모듈에서 숫자를 처리하는 함수 floor(), ceil(), factorial()에 대해 알아봅시다.

예제 9-4. math 모듈의 숫자 관련 함수 09/ex9-4.py

```
❶ import math

   # 소수점 절삭처리
❷ print("3.6의 소수점 절삭 : %.1f" % math.floor(3.6))
❸ print("5.1의 무조건 올림 : %.1f" % math.ceil(5.1))

❹ print("6.3의 반올림 : %.1f" % round(6.3))
   print("6.6의 반올림 : %.1f" % round(6.6))

   # 펙토리알 구하기
❺ print("5의 펙토리알(1*2*3*4*5) : %d" % math.factorial(5))
```

실행결과

```
3.6의 소수점 절삭 : 3.0
5.1의 무조건 올림 : 6.0
6.3의 반올림 : 6.0
6.6의 반올림 : 7.0
5의 펙토리알(1*2*3*4*5) : 120
```

❶ math 모듈을 불러옵니다.

❷ math.floor() 함수는 실수에서 소수점 이하를 절삭한 값을 반환합니다. 따라서 math.floor(3.6)의 값은 실행 결과의 1번째 줄에 나타난 것과 같이 3.0이 됩니다.

③ math.ceil() 함수는 실수를 무조건 올림한 값을 반환합니다. math.ceil(5.1)의 값은 실행 결과의 2번째 줄에 보이는 것과 같이 6.0이 됩니다.

④ round() 함수는 실수를 반올림한 값을 반환합니다. 따라서 round(6.3)의 값은 6.0, round(6.6)의 값은 7.0이 됩니다. 그 결과는 실행 결과의 3번째와 4번째 줄에 나타나 있습니다.

(!) round() 함수는 math 모듈에 포함된 함수가 아니라 파이썬의 내장 함수이기 때문에 함수 이름 앞에 모듈이름인 math를 붙이지 않습니다.

⑤ math.factorial() 함수는 정수의 펙토리알 값을 반환합니다. 따라서 math.factorial(5)의 값은 5의 펙토리알, 즉 120이 됩니다.

2 삼각/거듭제곱/로그 함수 : sin(), pow(), sqrt(), log10()

다음은 sin(), cos(), tan(), pow(), sqrt(), log10() 함수와 pi(3.141592…)에 대해 공부해 봅시다.

예제 9-5. math 모듈의 삼각/거듭제곱/로그 함수 09/ex9-5.py

```
① import math

   # 삼각함수
② print("sin(pi/4) : %.2f" % math.sin(math.pi/4))
   print("cos(pi) : %.2f" % math.cos(math.pi))
   print("tan(pi/6) : %.2f" % math.tan(math.pi/6))

   # 승수, 제곱근, 로그 구하기
③ print("5의 3승 : %d" % math.pow(5,3))
④ print("144의 제곱근 : %d" % math.sqrt(144))
⑤ print("log10(1000) : %.2f" % math.log10(1000))
```

실행결과

```
sin(pi/4) : 0.71
cos(pi) : -1.00
tan(pi/6) : 0.58
5의 3승 : 125
144의 제곱근 : 12
log10(1000) : 3.00
```

❶ math 모듈을 불러옵니다.

❷ math.sin(), math.cos(), math.tan() 함수는 각각 사인, 코사인, 탄젠트 값을 구할 때 사용합니다. 함수의 입력 값으로는 라디안(Radian) 값이 사용됩니다. math.pi는 π(3.141592....)의 값을 나타냅니다. math.sin(math.pi/4), math.cos(math.pi), math.tan(math.pi/6)의 값은 실행 결과의 1번째 ~ 3번째 줄에 나타나 있습니다.

TIP math 모듈의 pi

math 모듈에 있는 math.pi는 함수가 아니라 파이 값인 3.141592.... 의 실수 값을 나타냅니다. pi의 경우와 같이 모듈 내에는 함수뿐만 아니라 상수, 클래스 등 다른 데이터 형이 포함될 수 있습니다.

---

❸ math.pow()는 거듭제곱 값을 구하는 데 사용됩니다. math.pow(5, 3)은 5의 3승을 나타내며 그 결과 값인 125가 실행 결과의 4번째 줄에 출력됩니다.

❹ math.sqrt()는 양의 제곱근을 구할 때 사용됩니다. math.sqrt(144)는 12가 되며 실행 결과의 5번째 줄에 나타나 있습니다.

❺ math log10()은 밑을 10으로 한 log 값을 구하는 데 사용됩니다. log10(1000)은 3.00이 되며 그 결과는 실행 결과의 마지막 줄에 출력되어 있습니다.

Section 09-3 random 모듈

파이썬에서 난수(Random)를 발생시키거나 난수와 관련된 기능을 제공하는 모듈이 random 모듈입니다. 이 random 모듈을 이용하면 주사위 게임, 가위바위보 게임 등의 난수와 관련된 프로그램을 쉽게 만들 수 있습니다.

random 모듈을 import 구문으로 불러오는 서식은 다음과 같습니다.

서식

```
import random
...
random.모듈함수명()
...
```

random 모듈의 모듈 함수를 사용하기 위해서는 먼저 import 구문으로 random 모듈을 불러옵니다. 그리고 random의 모듈함수를 사용하려면 *random.모듈함수명()*을 사용하는데 모듈 함수에는 randint(), choice(), randrange(), sample() 등이 있습니다.

from ~ import ~ 구문을 이용한 random 모듈을 사용하는 서식은 다음과 같습니다.

서식

```
from random import 모듈함수명, 모듈함수명, ....
...
모듈함수명()
...
```

from ~ import ~ 구문에서는 모듈함수 호출시 *모듈함수명()*을 바로 사용합니다.

먼저 랜덤 수를 생성하는 데 많이 사용되는 random 모듈의 randint() 함수를 이용하여 간단한 주사위 게임을 만들어 봅시다.

1 randint()를 이용한 주사위 게임

다음의 예제를 통하여 randint() 함수를 이용하여 간단한 주사위 게임을 만드는 방법을 알아봅시다.

예제 9-6. 주사위 게임 만들기 09/ex9-6.py

```
❶ import random

❷ again = "y"
   count = 1

❸ while again == "y":
❹     print("-" * 30)
       print("주사위 던지기 : %d번째" % count)
❺     me = random.randint(1, 6)
       computer = random.randint(1, 6)
       print("나 : %d" % me )
       print("컴퓨터 : %d" % computer)

❻     if me > computer :
           print("나의 승리!")
       elif me == computer :
           print("무승부!")
       else :
           print("컴퓨터의 승리!")

       count += 1
❼     again = input("계속하려면 y를 입력하세요!")
```

실행결과

```
------------------------------
주사위 던지기 : 1번째
나 : 6
컴퓨터 : 3
나의 승리!
계속하려면 y를 입력하세요!y
------------------------------
주사위 던지기 : 2번째
나 : 2
컴퓨터 : 6
컴퓨터의 승리!
계속하려면 y를 입력하세요!n
```

❶ random 모듈을 불러옵니다.

❷ 변수 again과 count를 초기화합니다.

❸ while 루프의 변수 again이 'y'인 동안 ❹~❼의 문장이 반복 수행됩니다.

❹ 실행 결과의 제일 앞 부분에 나타난 문자열 '------------------------------' 를 출력합니다.

❺ random.randint(1, 6)은 1에서 6까지의 정수 중 하나를 랜덤하게 발생시킵니다. randint()를 두 번 사용하여 발생된 난수들을 각각 변수 me와 변수 computer에 저장합니다.

❻ if~ elif~ else~ 구문을 이용하여 나하고 컴퓨터 중에서 누가 이겼는지를 판단하여 '나의 승리', '컴퓨터의 승리', '무승부' 중 하나의 결과를 실행 결과에 출력합니다.

❼ 게임을 계속할 것인지를 묻고 'y'가 입력되면 다시 ❸으로 돌아가 while 루프를 반복하고, 만약 'y'가 아닌 다른 문자열이 입력되면 while 루프를 빠져 나와 프로그램이 종료 됩니다.

2 choice()를 이용한 가위 바위 보 게임

이번에는 random 모듈의 choice() 함수를 이용하여 간단한 가위 바위 보 게임을 만들어 봅시다.

예제 9-7. 가위 바위 보 게임 만들기 09/ex9-7.py

```
❶ import random

❷ def whoWin(x, y) :
       if x == "가위" :
           if y == "가위" :
               msg = "무승부입니다!"
           elif y == "바위" :
               msg = "당신의 승리입니다!"
           else :
               msg = "나의 승리입니다!"
       elif x == "바위" :
           if y == "가위" :
               msg = "나의 승리입니다!"
           elif y == "바위" :
               msg = "무승부입니다!"
           else :
               msg = "당신의 승리입니다!"
       else :
           if y == "가위" :
               msg = "당신의 승리입니다!"
           elif y == "바위" :
               msg = "나의 승리입니다!"
           else :
               msg = "무승부입니다!"

       return msg
```

```
❸ print("=" * 30)
   print("가위 바위 보 게임")
   print("=" * 30)

❹ gawibawibo = ["가위","바위", "보"]
   again = "y"

❺ while again == "y":
❻     me  = random.choice(gawibawibo)
      you = random.choice(gawibawibo)

❼     result = whoWin(me, you)

❽     print("나 : %s" % me)
      print("당신 : %s" % you)
      print(result)
      print("-" * 30)

      again = input("계속하려면 y를 입력하세요!")
      print()
```

실행결과

```
==============================
가위 바위 보 게임
==============================
나 : 바위
당신 : 바위
무승부입니다!
------------------------------
계속하려면 y를 입력하세요!y
```

```
나 : 바위
당신 : 보
당신의 승리입니다!
------------------------------
계속하려면 y를 입력하세요!n
```

❶ random 모듈을 불러들입니다.

❷ whoWin() 함수를 정의합니다. whoWin(x, y)에서 매개 변수 x는 나의 '가위', '바위', '보' 중 하나의 값, 매개 변수 y의 당신의 '가위', '바위', '보' 중 하나의 값을 가집니다.

❸ 실행 결과의 1~3번째 줄에 나타난 제목을 출력합니다.

❹ ['가위', '바위', '보']로 구성된 리스트 gawibawibo 를 만듭니다.

❺ while 루프는 변수 again이 'y'인 동안 반복 수행됩니다.

❻ random.choice(gawibawibo)는 리스트 gawibawibo 요소 중의 하나의 문자열을 랜덤하게 반환 합니다. 따라서 변수 me와 you는 각각 '가위', '바위', '보' 중 하나의 문자열을 값으로 가지게 됩니다.

❼ whoWin(me, you)은 whoWin() 함수를 호출합니다. 이 때 함수의 입력 값인 me와 you는 ❷에서 정의된 whoWin() 함수의 매개 변수 x, y에 복사됩니다. whoWin() 함수가 수행되면 함수의 반환 값으로 변수 msg의 값이 반환됩니다. 이 msg 값이 좌측의 변수 result에 저장됩니다.

❽ 실행 결과에 나타난 것과 같이 변수 me, you, result의 값을 출력합니다.

Section 09-4

datetime 모듈

컴퓨터가 가지고 있는 날짜와 시간을 다루는 datetime 모듈은 날짜와 시간에 관련된 클래스를 제공합니다. datetime 모듈은 모듈 내부에 date, time, datetime 객체를 포함하고 있습니다. 이번 절에서는 datetime 모듈의 datetime 객체을 이용하여 프로그램에서 날짜와 시간을 처리하는 방법에 대해 알아봅니다.

datetime 모듈에 있는 datetime 객체를 from ~ import ~ 로 불러오는 형식은 다음과 같습니다.

서식

from *datetime* import *datetime*

datetime 객체의 메소드에는 now(), today(), utcnow(), fromtimestamp() 등이 있습니다.

다음 예제는 datetime 모듈의 datetime 객체를 이용하여 오늘의 날짜와 시간을 구해 포맷에 맞추어 출력하는 프로그램입니다.

예제 9-8. 오늘의 날짜와 시간 출력하기 09/ex9-8.py

```
❶ from datetime import datetime

❷ today = datetime.now()
❸ print(type(today))

❹ print("%s년" % today.year)
   print("%s월" % today.month)
```

```
print("%s일" % today.day)
print("%s시" % today.hour)
print("%s분" % today.minute)
print("%s초" % today.second)

❹ today_str = today.strftime("%Y/%m/%d %H:%M:%S")

print(today_str)
```

실행결과

```
<class 'datetime.datetime'>
2022년
1월
26일
6시
32분
58초
2022/01/26 06:32:58
```

❶ datetime 모듈의 datetime 객체를 불러옵니다.

❷ datatime.now() 메소드로 오늘의 날짜와 시간을 가져와 변수 today에 저장합니다.

❸ 변수 today의 타입을 출력하면 실행 결과의 1번째 줄에 나타난 것과 같이 datetime.datetime의 클래스이기 때문에 변수 today는 객체의 데이터 형을 갖습니다.

❹ today. year는 클래스 datetime.datetime의 멤버 변수 year의 값, 즉 년도를 의미합니다. 실행 결과의 2번째 줄에서와 같이 집필 시점의 현재 년도인 '2022년'이 출력됩니다. 같은 방법으로 실행 결과의 3~7번째 줄에 나타난 것과 같이 월, 일, 시, 분, 초를 출력합니다.

❺ 클래스 datetime.datetime의 메소드 strftime()은 실행 결과의 마지막 줄에 나타난 것과 같이 포맷에 맞추어 날짜와 시간을 출력하는 데 사용됩니다.

strftime() 메소드에서 사용되는 포맷기호는 다음의 표를 참고해 주세요.

표 9-2 날짜와 시간에 사용되는 포맷 기호

기호	의미	예
%Y	네 자리 년도	...,2020, 2021, 2022, ..., 9999
%y	두 자리 년도	00, 01, ..., 99
%m	월	01, 02, ..., 12
%d	일	01, 02, ..., 31
%A	요일	Sunday, Monday, ..., Saturday
%a	생략 요일	Sun, Mon, ..., Sat
%H	시(24시 기준)	00, 01, ..., 23
%I	시(12시 기준)	01, 02, ..., 12
%p	AM 또는 PM	AM, PM
%M	분	00, 01, ..., 59

코딩미션
M-00028

모듈을 이용하여 사칙연산 하기

Mission

다음은 사칙연산을 정의한 모듈 op.py를 이용하여 두 수의 덧셈과 뺄셈 연산을 하는 프로그램입니다. 빈 박스 안을 채워서 프로그램을 완성해 보세요.

op.py의 프로그램 소스

```
def sum(a, b) :
    return a + b
def sub(a, b) :
    return a - b
def mul(a, b) :
    return a * b
def div(a, b) :
    return a / b
```

실행결과

```
10 + 20 = 30
10 - 20 = -10
```

```
import [        ]
a = 10
b = 20
print("%d + %d = %d" % (a, b, [        ]))

from op import sub
print("%d - %d = %d" % (a, b, [        ]))
```

코딩미션
M-00029

random 모듈로 주사위 게임 만들기

Mission

다음은 random 모듈을 이용하여 간단한 주사위 게임을 만드는 프로그램입니다. 빈 박스 안을 채워서 프로그램을 완성해 보세요.

실행결과

나 : 3
당신 : 6
당신의 승리!
계속하려면 y를 입력하세요!n

```
from random import randint
again = "y"

while again == "y":
    me = [      ](1, 6)
    you = [      ](1, 6)

    print("나 : %d" % me )
    print("당신 : %d" % you)

    if me > you :
        print("나의 승리!")
    [    ] me == you :
        print("무승부!")
    [    ]:
        print("당신의 승리!")

    again = input("계속하려면 y를 입력하세요!")
```

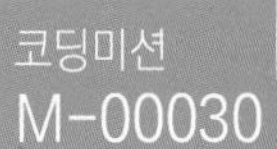

코딩미션
M-00030

datetime 모듈로 오늘의 날짜와 시간 출력하기

Mission

다음은 datetime 모듈을 이용하여 오늘의 날짜와 시간을 출력하는 프로그램입니다. 빈 박스 안을 채워서 프로그램을 완성해 보세요.

실행결과

```
2022년
1월
26일
16시
1분
15초
2022/01/26 16:01:15
```

```
from datetime import datetime

today = [          ]

print("%s년" % [          ])
print("%s월" % [          ])
print("%s일" % [          ])
print("%s시" % today.hour)
print("%s분" % today.minute)
print("%s초" % today.second)

today_str = today.strftime("%Y/%m/%d %H:%M:%S")

print(today_str)
```

연습문제 9장. 모듈

Q9-1. 다음 프로그램의 실행 결과는 무엇인가?

```
import math
print(math.floor(9.3), math.floor(-12.6))
```

실행결과 : ______________________________

Q9-2. 다음 프로그램의 실행 결과는 무엇인가?

```
print(round(13.6), round(-2.3))
```

실행결과 : ______________________________

Q9-3. 다음 프로그램의 실행 결과는 무엇인가?

```
import math
print(math.ceil(3.1), math.ceil(3.7))
```

실행결과 : ______________________________

Q9-4. 다음 프로그램의 실행 결과는 무엇인가?

```
import math
print(math.pow(2, 3), math.pow(2, -2))
```

실행결과 : ______________________________

Q9-5. 다음은 random 모듈을 이용하여 간단한 주사위 게임을 만드는 프로그램입니다. 빈칸을 채워보세요.

```
실행결과
나 : 1
당신 : 2
당신의 승리!
```

```
import (1)_______________

me = random.(2)_______________(1, 6)
you = random.(3)_______________(1, 6)
print("나 : %d" % me )
print("당신 : %d" % you)

if me > you :
    print("나의 승리!")
elif me == you :
    print("무승부!")
else :
    print("당신의 승리!")
```

연습문제 정답은 책 뒤 부록에 있어요.

10

Chapter 10
알고리즘

10장에서는

10-1 알고리즘이란?
10-2 합계 알고리즘
10-3 문자열 알고리즘
10-4 기초 수학 알고리즘

알고리즘은 주어진 문제를 해결하기 위한 방법이나 절차를 말합니다. 이번 장에서는 지금까지 배운 파이썬의 지식을 이용하여 문제를 해결하는 알고리즘을 생각해보고 실제로 파이썬 프로그램으로 구현하는 방법에 대해 배웁니다. 숫자의 합계와 평균을 구하는 알고리즘, 문자열 관련 알고리즘, 기초 수학 알고리즘 등에 대해 알아보고 이러한 알고리즘들을 파이썬으로 구현하는 방법에 대해 알아봅니다.

Section 10-1

알고리즘이란?

알고리즘(Algorithm)은 주어진 문제를 논리적으로 해결하기 위해 필요한 절차, 방법, 명령어들을 모아놓은 것입니다. 알고리즘은 문제 해결에 필요한 사람의 논리적 사고, 컴퓨터 프로그래밍 방법, 수학적 문제 풀이 과정 등을 모두 포함합니다.

이번 절에서는 주어진 문제에 대해 이를 해결하는 알고리즘을 만들고 파이썬으로 구현하는 방법에 대해 공부합니다.

문제

덧셈의 교환법칙, 즉 'a + b 는 b + a 와 같다'를 증명하시오.

알고리즘

컴퓨터로 a + b의 계산 결과와 b + a의 결과를 비교하여 두 값이 같으면 덧셈에 대한 교환법칙이 성립함을 알 수 있습니다.

① 키보드로 a와 b를 입력 받습니다.
② a + b를 계산하여 c에 저장합니다.
③ b + a를 계산하여 d에 저장합니다.
④ c와 d를 비교하여 값이 같으면 덧셈의 교환법칙이 성립합니다.

이 알고리즘에 대한 흐름도(Flow Chart)는 다음과 같습니다.

흐름도

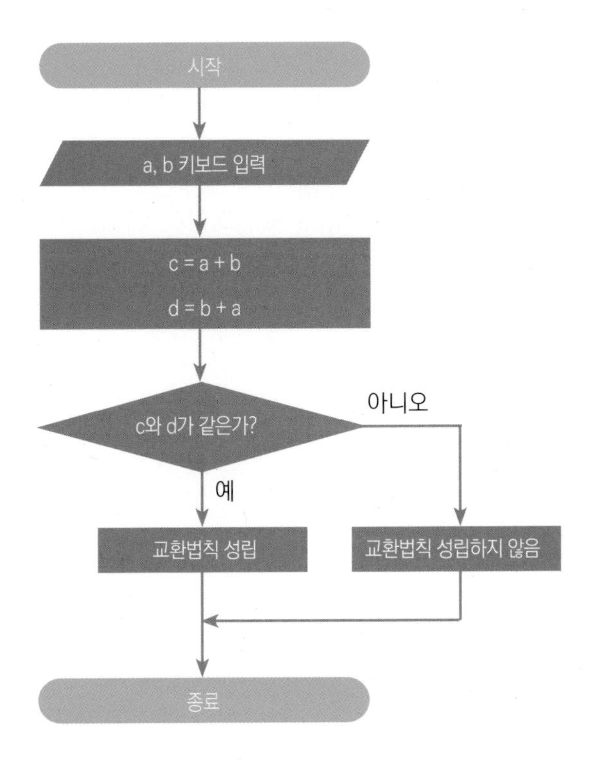

그림 10-1 교환법칙 증명 흐름도

파이썬 코딩

컴퓨터로 a + b의 계산 결과와 b + a의 결과를 비교하여 두 값이 같으면 덧셈에 대한 교환법칙이 성립함을 알 수 있습니다.

예제 10-1. 교환 법칙 증명하기 10/ex10-1.py

```
❶ a = int(input("첫 번째 수를 입력하세요 : "))
   b = int(input("두 번째 수를 입력하세요 : "))

❷ c = a + b
❸ d = b + a
```

```
④ if c == d :
    print("%d + %d의 결과 : %d" % (a, b, c))
    print("%d + %d의 결과 : %d" % (b, a, d))
    print("덧셈의 교환법칙이 성립합니다.")
  else :
    print("a + b의 결과 : %d" % c)
    print("b + a의 결과 : %d" % d)
    print("덧셈의 교환법칙이 성립하지 않습니다.")
```

실행결과

```
첫 번째 수를 입력하세요 : 10
두 번째 수를 입력하세요 : 15
10 + 15의 결과 : 25
15 + 10의 결과 : 25
덧셈의 교환법칙이 성립합니다.
```

❶ 두 개의 숫자를 키보드로 각각 입력 받아 a와 b에 저장합니다.

❷ a + b의 결과를 c에 저장합니다.

❸ b + a의 결과를 d에 저장합니다.

❹ if~ else~ 구문을 이용하여 c와 d를 비교하여 같으면 실행 결과에 나타난 것과 같이 교환법칙이 성립한다는 메시지를 화면에 출력합니다.

위의 예에서와 같이 프로그래밍을 할 때는 실제 프로그래밍에 들어가기 전에 먼저 주어진 문제를 해결하기 위한 알고리즘을 생각하고 기술하여야 합니다.

알고리즘에 대한 이해와 공부를 통해 통해 논리적 사고력을 키우고 컴퓨터의 동작 원리를 잘 이해 할수 있으며, 또한 컴퓨터 프로그래밍이 더 재미있고 쉬워집니다. 작성하고자 하는 프로그램이 복잡해 질수록 알고리즘의 중요성이 더 잘 부각됩니다.

Section 10-2 합계 알고리즘

숫자의 합계와 평균을 계산하는 문제는 프로그래밍에서 흔히 발생합니다. 예를 들어 정수의 합계를 구하는 알고리즘은 하나의 덧셈 연산을 반복 수행하면 쉽게 누적 합계를 구할 수 있습니다.

이번 절을 통하여 정수, 배수, 자리수, 성적 등의 합계와 평균을 구하는 알고리즘에 대해 공부해 봅시다.

1 특정 범위의 점수 합계 구하기

문제

score = [46,71,90,67,87,79,95,23,83]

위에서와 같이 리스트에 주어진 점수들 중 80점 이상인 점수의 합계와 평균을 구하는 프로그램을 작성하시오.

▩ 알고리즘 설명

① 누적 합계의 변수 s와 80점이상의 점수 개수의 변수 count를 각각 0으로 초기화합니다.

② for문의 반복 루프에서 점수가 80점 이상인 경우에만 그 점수를 s에 누적 시키고, 변수 count를 1 증가 시킵니다.

③ 반복 루프가 끝나면 변수 s는 80점 이상 점수의 누적 합계 값을 가집니다.

④ s를 count로 나눈 값이 바로 80점 이상 점수들의 평균이 됩니다.

▩ 파이썬 코딩

예제 10-2. 특정 범위의 점수 합계 구하기(for문)

10/ex10-2.py

```
score = [46,71,90,67,87,79,95,23,83]

❶ s = 0
  count = 0

❷ for i in score:
      if i>=80:
          s += i
          count += 1

❸ avg = s/count

print(score)
print("80점 이상 점수 합계 : %d" % s)
print("80점 이상 점수 평균 : %.2f" % avg)
```

실행결과

```
[46, 71, 90, 67, 87, 79, 95, 23, 83]
80점 이상 점수 합계 : 355
80점 이상 점수 평균 : 88.75
```

❶ 누적 합계의 변수 s와 80점 이상 점수 개수의 변수 count를 0으로 초기화합니다.

❷ for문과 if문을 이용하여 80점 이상 점수에 대해 누적 합계 s를 구하고, 80점 이상 점수의 개수를 의미하는 변수 count의 값을 구합니다.

❸ 변수 s를 변수 count로 나누어서 평균 값을 구합니다.

2 자리수의 합계 구하기

문제

키보드로 양의 정수를 입력 받아 각 자리수에 있는 숫자의 합계를 구하는 프로그램을 작성하시오.

알고리즘 설명

① 합계를 나타내는 변수 s를 0으로 초기화합니다.

② 반복 루프를 이용하여 각 자리수에 해당되는 숫자를 추출하여 그 값을 변수 s에 저장합니다.

③ 반복 루프가 끝나면 변수 s에는 최종 누적 합계가 저장됩니다.

파이썬 코딩

예제 10-3. 자리수의 합계 구하기 10/ex10-3.py

```
   nums = input("양의 정수를 입력하세요 : ")

❶  s = 0

❷  for num in nums :
       s = s + int(num)

   print("합계 : %d" % s)
```

실행결과

```
양의 정수를 입력하세요 : 1351
합계 : 10
```

❶ 누적 합계 변수 s를 0으로 초기화합니다.

❷ for문의 반복 루프에서 입력된 문자열,즉 nums에서 문자를 하나씩 읽어들여 int() 함수로 정수로 변환하여 하나씩 변수 s에 누적시킵니다. 반복 루프가 끝나면 변수 s에는 최종 누적 합계가 저장됩니다.

※ 키보드로 입력되는 숫자는 문자열로 처리된다는 점을 꼭 기억하기 바랍니다.

3 공백 구분 숫자 합계 구하기

문제

30 17 -7 -3.7 5 32.333

위에서와 같이 공백으로 구분된 숫자를 키보드로 입력 받아 숫자들의 합계를 구하는 프로그램을 작성하시오.

▩ 알고리즘 설명

① 공백으로 구분되어 키보드로 입력된 숫자(문자열 데이터 형)에 문자열의 split() 메소드를 이용하여 공백을 중심으로 숫자를 분리하여 리스트에 저장합니다.

② 합계를 나타내는 변수 s를 0으로 초기화합니다.

③ 반복 루프를 이용하여 각각의 숫자를 실수로 변환한 다음 누적 합계를 구합니다.

▩ 파이썬 코딩

예제 10-4. 공백 구분 숫자의 합계 구하기 10/ex10-4.py

```
nums = input("공백으로 구분된 숫자를 입력하세요 : ")

❶ arry = nums.split(" ")
❷ s = 0

❸ for i in arry :
      s = s + float(i)

print("합계 : %.2f" % s)
```

실행결과

```
공백으로 구분된 숫자를 입력하세요 : 10 20 30
합계 : 60.00
```

❶ 문자열 nums의 split(" ") 메소드는 문자열을 공백(" ")을 중심으로 구분하여 리스트 형태의 데이터를 반환합니다.

❷ 누적 합계 변수 s를 0으로 초기화합니다.

❸ for문의 반복 루프에서 float() 함수를 이용하여 각각의 변수 i를 실수로 변환한 다음 변수 s에 누적시켜 나갑니다. 반복 루프가 끝나면 변수 s에는 최종 누적 합계가 저장됩니다.

4 반복 입력 성적 평균 구하기

문제

종료 신호(-1 입력) 전까지 키보드로 부터 계속 입력되는 성적의 평균을 구하는 프로그램을 작성하시오.

▩ 알고리즘 설명

① 과목의 개수 count와 누적 합계 s를 0으로 초기화합니다.

② 반복문의 조건식에 True를 사용하여 무한 반복시킵니다.

③ 반복 루프 내의 if문에서 score의 값이 -1인지를 체크하여 -1인 경우에는 반복 루프를 빠져나갑니다. 그렇지 않으면 누적 합계 s를 구하고 s를 과목의 개수 count로 나누어 평균 값을 구합니다.

▩ 파이썬 코딩

예제 10-5. 반복 입력 성적의 평균 구하기 10/ex10-5.py

```
❶ count = 0
   s = 0

❷ while True:
       score = int(input("성적을 입력하세요.(종료:-1) "))
❸     if score == -1:
           break

❹     count += 1
❺     s += score
```

```
⑥  avg = s/count

    print("과목 개수 : %d" % count)
    print("평균 : %.2f" % avg)
```

실행결과

```
성적을 입력하세요.(종료:-1) 87
성적을 입력하세요.(종료:-1) 76
성적을 입력하세요.(종료:-1) 90
성적을 입력하세요.(종료:-1) 97
성적을 입력하세요.(종료:-1) 85
성적을 입력하세요.(종료:-1) -1
과목 수 : 5
평균 : 87.00
```

❶ 성적의 개수 count와 성적의 누적 합계 s를 초기화합니다.

❷ while문의 조건식을 True로 하여 무한 반복 시킨다.

❸ 키보드로 입력 받은 성적 score가 -1이면, break에 의해 반복 루프를 빠져 나갑니다.

❹ 입력된 성적의 개수, 즉 과목 수 count를 1씩 증가시킵니다.

❺ 누적 합계 s를 구합니다.

❻ 누적 합계 s를 과목 수 count로 나누어 평균 avg를 구합니다.

Section 10-3

문자열 알고리즘

컴퓨터에서 문자열(String)은 일반적으로 하나 또는 여러 개의 문자를 의미합니다. 문자열은 프로그래밍 언어에서 흔히 사용되는 데이터 형 중의 하나입니다.

이번 절을 통하여 문자열을 처리하는 알고리즘과 프로그램 구현에 대해 공부해 봅시다.

1 전화번호에서 하이픈(-) 삭제하기

문제

하이픈(-)이 포함된 전화번호를 키보드로 입력 받아 전화번호 사이에 있는 하이픈(-)을 삭제하는 프로그램을 작성하시오.

1 알고리즘 1(for문 이용)

알고리즘 설명

① for문을 이용하여 입력된 하이픈이 포함된 전화번호의 각 문자에 대해 반복 루프를 돌립니다.

② 반복 루프 내에서 if문을 이용하여 각 문자가 하이픈(-)이 아닐 때만 그 문자를 화면에 출력하면 하이픈이 삭제된 전화번호를 얻을 수 있습니다.

파이썬 코딩

예제 10-6. 전화번호에서 하이픈(-) 삭제하기 : 알고리즘 1 10/ex10-6.py

```
phone = input("하이픈(-)을 포함한 전화번호를 입력하세요 : ")

❶ for s in phone:
❷     if s != "-":
❸         print(s, end="")
```

실행결과

```
하이픈(-)을 포함한 전화번호를 입력하세요 : 010-1234-5678
01012345678
```

❶ 반복 루프에서 s는 문자열 phone에 있는 각각의 문자 값을 가집니다.

❷ 전화번호의 각 문자 s의 값이 하이픈(-)이 아니면 ❸의 문장을 이용하여 해당 문자를 출력합니다.

❸ print(s, end="")는 문자열 s를 출력한 다음에 NULL 문자열인 ""을 출력합니다. 이렇게 함으로써 문자열을 붙여서 출력할 수 있게 됩니다.

2 알고리즘 2(문자열 인덱스 이용)

알고리즘 설명

알고리즘 2에서는 문자열의 인덱스와 for문을 이용하여 전화번에서 하이픈(-)을 삭제합니다.

파이썬 코딩

예제 10-7. 전화번호에서 하이픈(-) 삭제하기 : 알고리즘 2 10/ex10-7.py

```
    phone = input("하이픈(-)을 포함한 전화번호를 입력하세요 : ")

❶   for i in range(len(phone)):
❷       if phone[i] != "-":
            print(phone[i], end="")
```

실행결과

```
하이픈(-)을 포함한 전화번호를 입력하세요 : 010-1234-5678
01012345678
```

❶ 실행 결과에서와 같이 전화번호가 입력되면 len(phone)의 값은 13이 됩니다. 따라서 for문의 반복 루프에서 i의 값은 0에서 12까지의 값을 가집니다.

❷ i가 0일 때 phone[i], 즉 phone[0]는 첫 번째 입력된 문자 '0'을 의미합니다. 이와 같은 방식으로 반복 루프에서 문자열 phone의 인덱스를 의미하는 i를 이용하여 각 문자 값을 추출할 수 있습니다.

3 알고리즘 3(while문 이용)

▩ 알고리즘 설명

알고리즘 3에서는 알고리즘 1과 알고리즘 2에서 반복문으로 사용된 for문 대신에 while문을 이용하여 프로그램을 작성합니다.

▩ 파이썬 코딩

예제 10-8. 전화번호에서 하이픈(-) 삭제하기 : 알고리즘 3

10/ex10-8.py

```
    phone = input("하이픈(-)을 포함한 전화번호를 입력하세요 : ")

❶   i = 0
❷
    while i < len(phone):
        if phone[i] != "-":
            print(phone[i], end="")

        i += 1
```

실행결과

```
하이픈(-)을 포함한 전화번호를 입력하세요 : 010-1234-5678
01012345678
```

4 알고리즘 4(replace() 메소드 이용)

알고리즘 설명

알고리즘 4에서는 앞의 알고리즘들에서 사용된 반복문을 사용하지 않고 문자열의 replace() 메소드를 이용합니다.

파이썬 코딩

예제 10-9. 전화번호에서 하이픈(-) 삭제하기 : 알고리즘 4 10/ex10-9.py

```
    phone = input("하이픈(-)을 포함한 전화번호를 입력하세요 : ")

❶  phone2 = phone.replace("-", "")

    print(phone2)
```

실행결과

```
하이픈(-)을 포함한 전화번호를 입력하세요 : 010-1234-5678
01012345678
```

❶ 문자열 phone에 대해 사용된 메소드 replace("-", "")는 하이픈 "-"를 NULL 문자인 ""로 변환한 문자열을 반환합니다. 이렇게 함으로써 하이픈을 전화번호에서 삭제할 수 있습니다.

2 영문 모음 소문자를 대문자로 변환하기

문제

영어 문장을 입력 받아 문장 내에 포함된 영문 소문자를 대문자로 변환하는 프로그램을 작성하시오.

1 알고리즘 1(for문 이용)

▩ 알고리즘 설명

① 빈 문자열 result를 만듭니다.

② for문의 반복 루프에서 입력 받은 영어 문장의 각 문자가 모음인지를 체크합니다.

③ 문자가 모음일 경우에는 대문자로 변환한 다음 빈 문자열 result에 그 문자를 추가합니다. 그렇지 않을 경우에는 소문자 상태 그대로 result에 추가합니다.

▩ 파이썬 코딩

예제 10-10. 영문 모음 소문자를 대문자로 변환하기(알고리즘 1) 10/ex10-10.py

```
   string = input("영어 문장을 입력하세요 : ")
❶  result=""

❷  for s in string :
       if s=="a" or s=="e" or s=="i" or s=="o" or s=="u" :
           result=result+s.upper()
       else:
           result=result+s

   print(result)
```

실행결과

```
영어 문장을 입력하세요 : Nice to meet you!
NIcE tO mEEt yOU!
```

❶ 빈 문자열 result를 생성합니다.

❷ for문의 반복 루프에서 각 문자가 모음인지를 체크합니다. 그 문자가 모음인 경우에는 upper() 메소드를 이용하여 대문자로 변환하여 result에 추가합니다. 그렇지 않은 경우에는 그 문자 그대로 result에 추가합니다.

2 알고리즘 2(replace() 메소드 이용)

알고리즘 설명

알고리즘 2에서는 알고리즘 1에서 사용된 반복문을 사용하지 않고 소문자를 대문자로 변환하기 위해서 문자열의 replace() 메소드를 사용합니다.

파이썬 코딩

예제 10-11. 영문 소문자를 대문자로 변환하기(알고리즘 2) 10/ex10-11.py

```
string = input("영어 문장을 입력하세요 : ")

result = string.replace("a", "A")      ❶
result = result.replace("e", "E")
result = result.replace("i", "I")
result = result.replace("o", "O")
result = result.replace("u", "U")

print(result)
```

실행결과

```
영어 문장을 입력하세요 : I am a student.
I Am A stUdEnt.
```

❶ 문자열의 replace() 메소드를 이용하여 입력 받은 문자열 string에서 영문 모음의 소문자들을 각각 대문자로 변환합니다.

3 중복 문자 한번만 출력하기

문제

영어 문장에서 중복된 문자는 한번만 출력하는 프로그램을 작성하시오. 단, 공백은 중복 문자로 처리하지 않고 그대로 출력함.

알고리즘 설명

① 영어 문장에서 사용된 문자들을 요소로 하는 리스트 list1을 만든다.

② 출력 문자열 output을 빈 문자열 ""로 초기화합니다.

③ for문의 반복 루프에서 각 문자가 리스트 list1에 있는지를 체크하여 그 문자가 있으면 건너띄고 그렇지 않으면 그 문자를 output에 추가합니다.

파이썬 코딩

예제 10-12. 중복 문자 한번만 출력하기 10/ex10-12.py

```
string = "There is no place like home."

❶ list1 = []
❷ output = ""

for x in string :
❸   if x in list1 :
        continue
❹   else:
        output = output + x
❺       if x != " " :
            list1.append(x)
```

```
print(string)
print(output)
```

실행결과

```
There is no place like home.
Ther is no plac k m.
```

❶ 영어 문장에서 사용된 문자 리스트 list1을 빈 리스트 []로 초기화합니다.

❷ 출력할 문자열 output을 빈 문자열 ""로 초기화합니다.

❸ for문의 반복 루프 내에서 각 문자 x가 list1에 있으면 루프를 계속합니다

❹ x가 list1에 없으면 output에 x를 추가합니다.

❺ 공백이 아닌 경우에만 x를 list1에 추가합니다.

4 별표(*)로 평행사변형 만들기

문제

별표(*)로 평행사변형을 만드는 프로그램을 작성하시오. 단, 별표의 개수 N은 키보드로 입력 받습니다.

```
     ******
    ******
   ******
  ******
 ******
******
```

1 알고리즘 1(이중 for문 이용)

알고리즘 설명

설명을 쉽게 하기 위해 N의 값은 6으로 가정합니다.

① 첫 번째 줄에는 공백을 6개 찍고 별표(*)를 6개 찍습니다.

② 두 번째 줄에는 공백을 5개 찍고 별표(*)를 6개 찍습니다.

③ 세 번째 줄에서는 공백을 4개 찍고 별표(*)를 6개 찍습니다.

...

이와 같은 방식으로 별표(*)를 이용하여 평행사변형을 화면에 출력할 수 있습니다.

파이썬 코딩

예제 10-13. 별표(*)로 평행사변형 만들기(알고리즘 1) 10/ex10-13.py

```
n = int(input("n 값을 입력하세요 : "))

for i in range(n):
❶   for j in range(n-i):
        print(" ", end="")

❷   for j in range(n):
        print("*", end="")

❸   print()
```

실행결과

```
N 값을 입력하세요 : 8
       ********
      ********
     ********
    ********
   ********
  ********
 ********
********
```

❶ 각 줄에서 이전 줄 보다 하나 적은 개수의 공백(" ")을 출력합니다.

❷ 각 줄에서 N의 개수 만큼 별표(*)를 출력합니다.

❸ 각 줄의 출력이 끝나면 줄 바꿈합니다.

2 알고리즘 2(반복 연산자 이용)

알고리즘 설명

문자열 반복 연산자인 곱하기 기호(*)를 이용하여 공백과 별표를 한 줄에 필요한 개수만큼 출력합니다.

파이썬 코딩

예제 10-14. 별표(*)로 평행사변형 만들기(알고리즘 2) 10/ex10-14.py

```
   n = int(input("N 값을 입력하세요 : "))

❶ for j in range(n):
❷     print(" "*(n-j)+"*"*n)
```

실행결과

```
N 값을 입력하세요 : 8
        ********
       ********
      ********
     ********
    ********
   ********
  ********
 ********
```

❶ 반복 루프에서 j는 0에서 N-1까지의 값을 가집니다. 만약 실행 결과에서와 같이 N의 값이 8인 경우에는 j는 0에서 7까지의 값을 가집니다.

❷ j가 0일 경우에는 " " * (8-j)는 " " * 8 이 되어 8개의 공백(" ")을 찍습니다. 그리고 "*" * N은 "*" * 8이 되어 별표(*)를 8개 찍습니다.
같은 맥락에서 j가 1일 경우에는 공백을 7개 찍고 별표를 8개 찍습니다.

정리하면, 각 줄에서 공백의 개수는 1개씩 적게 출력하고, 모든 줄에서 별표의 개수는 동일하게 출력함으로 평행사변형 형태를 만들 수 있습니다.

Section
10-4

기초 수학 알고리즘

기초 수학 알고리즘에서는 완전 제곱수, 진수 변환, 소수 등 기초적인 수학 문제를 컴퓨터로 해결하기 위한 알고리즘과 실제 파이썬 프로그램으로 구현하는 방법에 대해 공부합니다.

1 점의 사분면 판정하기

문제

x, y좌표 값을 입력 받아 그 점이 몇 사분면에 있는지를 판정하는 프로그램을 작성하시오. 단, 각 좌표 값은 공백으로 구분하여 입력합니다.

알고리즘 설명

① 입력된 x, y 좌표 값을 split()로 분리하여 각 좌표 값을 구합니다.

② if~ elif~ else~ 구문을 이용하여 좌표가 몇 사분면에 있는지를 판별합니다.

파이썬 코딩

예제 10-15. 점의 사분면 판정하기 10/ex10-15.py

```
   cord = input("x, y 좌표를 입력하세요.(각 좌표 값은 공백으로 구분)")

❶  pos = cord.split(" ")
❷  x = int(pos[0])
❸  y = int(pos[1])
```

```
        print("x 좌표 : %d" % x)
        print("y 좌표 : %d" % y)

④      if x>0 and y>0 :
            print("점이 1사분면에 있습니다!")
        elif x<0 and y>0 :
            print("점이 2사분면에 있습니다!")
        elif x<0 and y<0 :
            print("점이 3사분면에 있습니다!")
        else :
            print("점이 4사분면에 있습니다!")
```

실행결과

```
x, y 좌표를 입력하세요.(각 좌표 값은 공백으로 구분)5 -10
x 좌표 : 5
y 좌표 : -10
점이 4사분면에 있습니다!
```

❶ cord.split(" ")는 문자열 cord를 공백(" ")을 중심으로 문자열을 쪼개서 리스트 pos에 저장합니다.

❷ x 좌표 값 pos[0]을 정수로 변환하여 변수 x에 저장합니다.

❸ y 좌표 값 pos[1]을 정수로 변환하여 변수 y에 저장합니다.

❹ if~ elif~ else~ 구문의 조건식에서 x, y 좌표 값을 체크하여 그 점이 몇 사분면에 있는지를 판별하고 실행 결과와 같이 해당 메시지를 출력합니다.

2 가분수/대분수 변환하기

문제

가분수를 입력 받아 대분수로 변환하는 프로그램을 작성하시오.

> 가분수란?
>
> 분자가 분모 보다 큰 수를 말합니다. 예 : 7/2
>
> 대분수란?
>
> 자연수와 분모가 분자 보다 큰 수로 이루어진 수를 말합니다. 예 : 3과 1/2

알고리즘 설명

가분수의 분자를 분모로 나눈 몫과 나머지를 구하면 대분수로 변환할 수 있습니다.

① 소수점 절삭 연산자(//)를 이용하여 가분수의 분자를 분모로 나눈 몫을 구합니다.

② 나머지 연산자(%)를 이용하여 분자를 분모로 나눈 나머지를 구합니다.

파이썬 코딩

예제 10-16. 가분수/대분수 변환하기 10/ex10-16.py

```
deno = int(input("가분수의 분모를 입력하세요."))
mole = int(input("가분수의 분자를 입력하세요."))

❶ q = mole//deno
❷ r = mole%deno
print("%d와(과) %d분의 %d" % (q, deno, r))
```

실행결과

```
가분수의 분모를 입력하세요.5
가분수의 분자를 입력하세요.12
2와(과) 5분의 2
```

❶ mole//deno는 가분수의 분자 mole을 가분수의 분모 deno로 나누었을 때 소수점 이하를 절삭한 정수 값을 의미합니다. 따라서 q는 몫이 됩니다.

❷ mole%deno는 mole을 deno로 나눈 나머지를 의미합니다.

3 일의 자리에 따라 분류하기

문제

다음과 같은 리스트가 주어졌을 때 일의 자리가 0~4인 것의 개수와 5~9인 것의 개수를 세는 프로그램을 작성하시오.

list1 = [15, 231, 352, 44, 53, 618, 359, 10]

1 알고리즘 1(나머지 연산자 이용)

알고리즘 설명

① 일의 자리수가 0~4인 것의 개수 : 정수를 10으로 나눈 나머지가 5보다 작은지를 체크합니다.

② 일의 자리수가 5~9인 것의 개수 : 정수를 10으로 나눈 나머지가 5 이상인 경우에 해당됩니다.

▩ 파이썬 코딩

예제 10-17. 일의 자리에 따라 분류하기(알고리즘 1) 10/ex10-17.py

```
list1 = [15, 231, 352, 44, 53, 618, 359, 10]

a = 0   #일의 자리가 0~4인 것의 개수
b = 0   #일의 자리가 5~9인 것의 개수

for x in list1:          ❶
    if x%10 < 5:
        a = a + 1
    else:
        b = b + 1

print("일의 자리가 0~4인 것의 개수 : %d" % a)
print("일의 자리가 5~9인 것의 개수 : %d" % b)
```

실행결과

```
[15, 231, 352, 44, 53, 618, 359, 10]
일의 자리가 0~4인 것의 개수 : 5
일의 자리가 5~9인 것의 개수 : 3
```

❶ x를 10으로 나눈 나머지가 5보다 작으면 a의 값을 1 증가시킵니다. 그렇지 않으면 b의 값을 1 증가시킵니다.

여기서 a는 일의 자리가 0~4인 것의 개수를 의미하고, b는 일의 자리가 5~9인 것의 개수를 나타냅니다.

2 알고리즘 2(문자열로 변환)

알고리즘 설명

알고리즘 2는 알고리즘 1과 거의 유사한 방법을 사용합니다. 알고리즘 2에서는 정수를 문자열로 변환하여 문자열의 제일 끝에 있는 숫자가 바로 일의 자리의 수라는 것에 착안한 방법입니다.

파이썬 코딩

예제 10-18. 일의 자리에 따라 분류하기(알고리즘 2) 10/ex10-18.py

```
list1 = [15, 231, 352, 44, 53, 618, 359, 10]

a = 0   #일의 자리가 0~4인 것의 개수
b = 0   #일의 자리가 5~9인 것의 개수

for x in list1:
❶   if int(str(x)[-1]) < 5 :
        a += 1
    else:
        b += 1

print(list1)
print("일의 자리가 0~4인 것의 개수 : %d" % a)
print("일의 자리가 5~9인 것의 개수 : %d" % b)
```

실행결과

```
[15, 231, 352, 44, 53, 618, 359, 10]
일의 자리가 0~4인 것의 개수 : 5
일의 자리가 5~9인 것의 개수 : 3
```

알고리즘 2의 프로그램 구현 방법은 알고리즘 1의 경우와 거의 유사합니다. 다만 7행의 if문의 조건식이 다를 뿐입니다.

❶ str(x)[-1]은 정수형 변수 x가 문자열로 변환된 제일 마지막 문자를 나타냅니다. 이것은 바로 정수의 일의 자리에 해당되는 수를 의미합니다.

4 완전 제곱수 판별하기

문제

정수를 입력 받아 그 수가 완전제곱수인지를 판별하는 프로그램을 작성하시오.

완전제곱수란?

어떤 정수(보통 자연수)를 제곱하여 만들어지는 수입니다. 예를 들어 1, 4, 9, 16, 25, 36, ... 등은 완전제곱수입니다.

1 알고리즘 1(제곱 이용)

알고리즘 설명

① 정수를 입력 받아 n에 저장한다.

② 1에서 n까지의 정수를 제곱하였을 때 그 값이 n과 같아지는 경우가 발생하면 그 수를 완전제곱수로 판별한다.

파이썬 코딩

예제 10-19. 완전제곱수 편별하기(알고리즘 1)   10/ex10-19.py

```
n = int(input("정수를 입력하세요 : "))

❶ perfect_num = False

❷ for i in range(1, n+1) :
❸     if i**2 == n :
          perfect_num = True
          break

❹ if perfect_num :
      print("완전제곱수입니다.")
  else:
      print("완전제곱수가 아닙니다.")
```

실행결과

```
정수를 입력하세요 : 49
완전제곱수입니다.
```

❶ 변수 perfect_num을 False로 설정합니다.

❷ 반복 루프에서 i는 1에서 n까지의 정수 값을 가집니다.

❸ i를 제곱한 값과 n이 같은 지를 비교하여 같으면 perfect_num에 True를 저장하고 반복 루프를 빠져나갑니다. 그렇지 않으면 반복 루프를 계속합니다.

❹ perfect_num이 True이면 완전제곱수라는 메시지를 출력합니다. 그렇지 않으면 완전제곱수가 아니라는 메시지를 출력합니다.

1 알고리즘 2(제곱근 이용)

알고리즘 설명

알고리즘 2에서는 제곱근을 이용하는 데 제곱근 값을 구하기 위해 math 모듈의 sqrt() 함수를 이용합니다.

① 정수를 입력 받아 num에 저장한다.

② num의 제곱근의 값에 소수점 이하의 값이 있는지를 체크합니다. 소수점 이하 값이 없으면 완전제곱수로 판별합니다.

예를 들어 num이 25라고 가정하면 25의 제곱근, 즉 $\sqrt{25}$는 5.0이 되기 때문에 소수점 이하의 값이 없기 때문에 완전제곱수라고 판단 할 수 있습니다.

파이썬 코딩

예제 10-20. 완전제곱수 편별하기(알고리즘 2) 10/ex10-20.py

```
❶ import math

num = int(input("정수를 입력하세요 : "))

perfect_num = False

❷ if math.sqrt(num)==int(math.sqrt(num)) :
    perfect_num = True

if perfect_num :
    print("완전제곱수입니다.")
else:
    print("완전제곱수가 아닙니다.")
```

실행결과

```
정수를 입력하세요 : 121
완전제곱수입니다.
```

❶ math 모듈을 불러옵니다.

❷ math.sqrt(num)의 값과 그 값을 정수로 변환했을 때의 값인 int(math.sqrt(num))이 같은지를 비교합니다. 두 값이 같으면 완전제곱수로 판별합니다.

5 십진수/이진수 변환하기

문제

입력 받은 양의 정수(십진수)를 이진수로 변환하는 프로그램을 작성하시오.

1 알고리즘 1(나머지 연산자 이용)

알고리즘 설명

십진수 7을 이진수로 변환하는 것으로 설명합니다.

① 7) 1
② 3) 1
③ 1

① 7%2를 수행한 나머지 1을 얻습니다. 몫은 3이 됩니다.

② 1번의 몫 3에 대해 3%2를 수행합니다. 나머지가 1이고 몫도 1이 됩니다.

③ 2번의 몫 1은 1보다 작기 때문에 더 이상 나머지 연산을 수행하지 않습니다.

위의 그림에서 얻는 결과를 아래에서 위 방향으로 적으면 1111이 됩니다. 이것이 바로 최종 이진수로 변환한 결과 값입니다.

▨ 파이썬 코딩

예제 10-21. 십진수/이진수 변환하기(알고리즘 1) 10/ex10-21.py

```
num = int(input("양의 정수를 입력하세요 : "))

print("십진수 :" + str(num))

❶ binary = ""
   while num>0 :
❷     binary = str(num%2) + binary
❸     num = num//2

print("이진수 :" + binary)
```

실행결과

```
양의 정수를 입력하세요 : 15
십진수 :15
이진수 :1111
```

❶ 빈 문자열 binary를 생성합니다

❷ num을 2로 나눈 나머지를 binary 앞에 덧붙입니다.

❸ num의 몫을 다시 num에 저장합니다.

2 알고리즘 2(bin() 함수 이용)

알고리즘 설명

알고리즘 2에서는 파이썬의 내장 함수인 bin()을 이용하여 십진수를 이진수로 변환합니다.

파이썬 코딩

예제 10-22. 십진수/이진수 변환하기(알고리즘 2) 10/ex10-22.py

```
    num = int(input("양의 정수를 입력하세요 : "))

    print("십진수 :" + str(num))

❶   binary = bin(num)
❷   binary = binary.replace("0b", "")

    print("이진수 :" + binary)
```

실행결과

```
양의 정수를 입력하세요 : 33
십진수 :33
이진수 :100001
```

❶ bin(num)은 십진 정수 num을 이진수로 변환한 값을 반환합니다.

❷ bin() 함수를 이용하여 이진수로 변환하면 결과 값 앞에 "0b"가 붙습니다. binary.replace("0b", "")는 binary에 포함된 "0b"를 삭제하는 역할을 수행합니다.

연습문제 10장. 알고리즘

Q10-1. 키보드로 입력 받은 양의 정수에서 홀수 자리에 해당되는 숫자의 합을 구하는 프로그램을 작성하시오.

```
실행결과
양의 정수를 입력하세요 : 362895
홀수 자리의 합계 : 14
```

Q10-2. 슬래쉬(/)로 구분된 형태로 입력되는 정수의 합계와 평균을 구하는 프로그램을 작성하시오.

```
실행결과
슬래쉬으로 구분된 숫자를 입력하세요 : 80/38/-33/100/36/-21/77
합계 : 277.00
평균 : 39.57
```

Q10-3. 키보드로 연속해서 입력되는 실수의 합계를 구하는 프로그램을 작성하시오. 단, 'q'가 입력되었을 때는 키보드 입력을 중단합니다.

```
실행결과
실수를 입력하세요.(종료:q) -3.2
실수를 입력하세요.(종료:q) 5.76
실수를 입력하세요.(종료:q) -0.777
실수를 입력하세요.(종료:q) q
합계 : 1.78
```

Q10-4. 하이픈(-)이 포함된 전화번호를 입력 받아 하이픈 대신 공백을 삽입하는 프로그램을 작성하시오.

```
실행결과
하이픈(-)을 포함한 전화번호를 입력하세요 : 010-1234-5678
010 1234 5678
```

Q10-5. "2022/03/25"의 형태로 날짜를 입력받아 슬래쉬(/)를 하이픈(-)으로 변경하는 프로그램을 작성하시오.

```
실행결과
날짜를 입력하세요(예:2022/03/25) : 2023/07/04
2023-07-04
```

Q10-6. 입력 받은 영어 문장에서 모음 소문자를 삭제하는 프로그램을 작성하시오.

```
실행결과
영어 문장을 입력하세요 : Python is fun!
Pythn s fn!
```

Q10-7. 다음의 리스트에서 일의 자리의 수가 3의 배수인 것의 개수를 구하는 프로그램을 작성하시오.

list1 = [12, 35, 385, 387, 745, 122, 3787, 10687, 9376, 36]

```
실행결과
[12, 35, 385, 387, 745, 122, 3787, 10687, 9376, 36]
일의 자리가 3의 배수인 것의 개수 : 2
```

연습문제 정답은 책 뒤 부록에 있어요.

부록

연습문제 정답

1장. 파이썬과 프로그램 설치

Q1-1

(1) X (2) X (3) O (4) X (5) O (6) O (7) O (8) O (9) X (10) X (11) O (12) X

Q1-2 print

Q1-3

```
print("홍길동")
print("용인시 수지구 성복2로")
print("test@korea.com")
```

2장. 파이썬과 프로그램 설치

Q2-1

(1) birth (2) str(age)

Q2-2

(1) day (2) sep

Q2-3

(1) pay (2) %d (3) change

3장. 조건문

Q3-1

```
num = int(input("정수를 입력하세요 : "))
```

```
result = "입력된 정수는 100 ~ 1000 사이에 있지 않습니다!"

if num >= 100 and num <= 1000 :
    result = "입력된 정수는 100 ~ 1000 사이에 있습니다!"

print("입력된 정수 : %d" % num)
print("%s" % result)
```

Q3-2

```
char = input("영어 소문자 하나를 입력하세요 : ")

if (char == "a" or char == "e" or char == "i" or char == "o" or char == "u") :
    print("%s -> 모음" % char)
else :
    print("%s -> 자음" % char)
```

Q3-3

```
height = int(input("키를 입력해 주세요 : "))
weight = int(input("몸무게를 입력해 주세요 : "))

s = (height - 100) * 0.9;  # 몸무게가 s보다 크면 다이어트 필요

print("=" * 50)
print("키 : ", height)
print("몸무게 : ", weight)

if weight > s:
    print("다이어트가 필요해요.")
```

4장. 반복문

Q4-1

```
fact = 1
end = 10
for i in range(1, end+1) :
        fact = fact * i
        print("%d! = %d" % (i, fact))
```

Q4-2

```
end = int(input("구하고자 하는 펙토리알 숫자를 입력하세요 : "))

fact = 1
i = 1
while i<=end :
        fact = fact * i
        print("%d! = %d" % (i, fact))

        i += 1
```

Q4-3

```
print("-" * 40)
print("     cm      mm       m     inch")
print("-" * 40)

for cm in range(10, 81, 5) :
    mm = cm * 10.0
    m  = cm * 0.01
```

```
    inch = cm * 0.3937
    print("%8d %8.0f %8.2f %8.2f" % (cm, mm, m, inch))

print("-" * 40)
```

Q4-4

```
print("-" * 40)
print("    cm      mm        m     inch")
print("-" * 40)

cm = 10
while cm<=80 :
    mm = cm * 10.0
    m  = cm * 0.01
    inch = cm * 0.3937
    print("%8d %8.0f %8.2f %8.2f" % (cm, mm, m, inch))

    cm += 5

print("-" * 40)
```

Q4-5

```
score = int(input("성적을 입력하세요 : "))

while score != "q" :
    if score >= 90 :
        print("등급 : 수")
    elif score >= 80 :
        print("등급 : 우")
```

```
elif score >= 70 :
    print("등급 : 미")
elif score >= 60 :
    print("등급 : 양")
else :
    print("등급 : 가")

x = input("계속하시겠습니까?(중단:q, 계속:y) ")

if x == "q" :
    break

score = int(input("성적을 입력하세요 : "))
```

5장. 리스트

Q5-1

(1) len (2) questions[i] (3) answers[i]

Q5-2

(1) append(x) (2) score (3) len(scores)

6장. 튜플과 딕셔너리

Q6-1

(1) admin[0] (2) admin[1] (3) admin[2]

Q6-2

(1) str(dan) (2) 10 (3) dan*i

Q6-3

(1) scores (2) scores[key] (3) len(scores)

7장. 함수

Q7-1

(1) end+1 (2) start (3) end (4) hap

Q7-2

(1) 0 (2) i%3 (3) sum (4) num

Q7-3

(1) area (2) circum (3) r (4) b

Q7-4

(1) maxTwo (2) maxTwo (3) maxThree

Q7-5

(1) x (2) y (3) result (4) num1 (5) num2

8장. 클래스

Q8-1

(1) orange.name (2) orange.color (3) orange (4) orange

Q8-2

(1) self.radius (2) self.radius (3) circum (4) getCircum()

Q8-3

(1) self.name (2) self.kor (3) self.eng (4) self.math (5) self.total (6) name

Q8-4

(1) a (2) b (3) height (4) w1 (5) w2

9장. 모듈

Q9-1 9 -13

Q9-2 14 -2

Q9-3 4 4

Q9-4 8.0 0.25

Q9-5

(1) random (2) ranint (3) randint

10장. 알고리즘

Q10-1

```
nums = input("양의 정수를 입력하세요 : ")

s=0
count=1
```

```
for num in nums :
    if count%2 == 1 :
        s = s+int(num)

    count += 1

print("홀수 자리의 합계 : %d" % s)
```

Q10-2

```
nums = input("슬래쉬으로 구분된 숫자를 입력하세요 : ")

arry = nums.split("/")
s = 0

for i in arry :
    s = s + float(i)

avg = s/len(arry)

print("합계 : %.2f" % s)
print("평균 : %.2f" % avg)
```

Q10-3

```
s = 0
```

```
while True:
    score = input("실수를 입력하세요.(종료:q) ")
    if score == 'q':
        break

    s += float(score)


print("합계 : %.2f" % s)
```

Q10-4

```
phone = input("하이픈(-)을 포함한 전화번호를 입력하세요 : ")

phone2 = phone.replace("-", " ")

print(phone2)
```

Q10-5

```
date = input("날짜를 입력하세요(예:2022/03/25) : ")

date2 = date.replace("/", "-")

print(date2)
```

Q10-6

```
string = input("영어 문장을 입력하세요 : ")

result = string.replace("a", "")
result = result.replace("e", "")
result = result.replace("i", "")
result = result.replace("o", "")
result = result.replace("u", "")

print(result)
```

Q10-7

```
list1 = [12, 35, 385, 387, 745, 122, 3787, 10687, 9376, 36]

a = 0

for x in list1:
    if int(str(x)[-1]) % 3 == 0 :
        a += 1

print(list1)
print("일의 자리가 3의 배수인 것의 개수 : %d" % a)
```

ABCDFGHI	
__init()__	253
algorithm	290
and	93
append()	172
bin()	323
break	154
ceil()	272
choice()	274
class	246
close()	225
comment	81
constructor	253
cos()	273
dictionary	195
end	132
escape code	140
factorial()	272
false	93
float()	69
floating point	49
floor()	271
flow chart	290
from~ import~	268
function	208
IDLE	26
IDLE Editor	31,33
IDLE Shell	26
if	88
if~ elif~ else~	92
if~ else~	92
import~	267
index	55
input()	66

IKLMNOPRS	
instance	249
int()	68
integer	48
key	195
lag	157
latency	157
len()	62
list	166
list()	212
log10()	273
member variable	246
method	246
module	266
not	93
now()	280
null	153
object	249
OOP	246
open()	225
or	93
parameter	213
parser	82
pow()	273
print()	29,43
prompt	28
randint()	274
range()	130
remove()	175
replace()	303
return	215
round()	212
self	252
sep	71

찾아보기(영어)

찾아보기(한글)

STUVW

ㄱㄴㄷㄹㅁㅂ

ㅂ ㅅ ㅇ ㅈ ㅊ ㅋ ㅌ ㅍ ㅎ

ㅎ